W0255065

This series aims to report new developments in mathematical economics and operations research and teaching quickly, informally and at a high level. The type of material considered for publication includes:

1. Preliminary drafts of original papers and monographs
2. Lectures on a new field, or presenting a new angle on a classical field
3. Seminar work-outs
4. Reports of meetings

Texts which are out of print but still in demand may also be considered if they fall within these categories.

The timeliness of a manuscript is more important than its form, which may be unfinished or tentative. Thus, in some instances, proofs may be merely outlined and results presented which have been or will later be published elsewhere.

Publication of *Lecture Notes* is intended as a service to the international mathematical community, in that a commercial publisher, Springer-Verlag, can offer a wider distribution to documents which would otherwise have a restricted readership. Once published and copyrighted, they can be documented in the scientific literature.

Manuscripts

Manuscripts are reproduced by a photographic process; they must therefore be typed with extreme care. Symbols not on the typewriter should be inserted by hand in indelible black ink. Corrections to the typescript should be made by sticking the amended text over the old one, or by obliterating errors with white correcting fluid. Should the text, or any part of it, have to be retyped, the author will be reimbursed upon publication of the volume. Authors receive 75 free copies.

The typescript is reduced slightly in size during reproduction; best results will not be obtained unless the text on any one page is kept within the overall limit of 18 x 26.5 cm (7 x 10 ½ inches). The publishers will be pleased to supply on request special stationery with the typing area outlined.

Manuscripts in English, German or French should be sent to Prof. Dr. M. Beckmann, Department of Economics, Brown University, Providence, Rhode Island 02912/USA or Prof. Dr. H.P. Künzi, Institut für Operations Research und elektronische Datenverarbeitung der Universität Zürich, Sumatrastraße 30, 8006 Zürich.

Die „*Lecture Notes*" sollen rasch und informell, aber auf hohem Niveau, über neue Entwicklungen der mathematischen Ökonometrie und Unternehmensforschung berichten, wobei insbesondere auch Berichte und Darstellungen der für die praktische Anwendung interessanten Methoden erwünscht sind. Zur Veröffentlichung kommen:

1. Vorläufige Fassungen von Originalarbeiten und Monographien.
2. Spezielle Vorlesungen über ein neues Gebiet oder ein klassisches Gebiet in neuer Betrachtungsweise.
3. Seminarausarbeitungen.
4. Vorträge von Tagungen.

Ferner kommen auch ältere vergriffene spezielle Vorlesungen, Seminare und Berichte in Frage, wenn nach ihnen eine anhaltende Nachfrage besteht.

Die Beiträge dürfen im Interesse einer größeren Aktualität durchaus den Charakter des Unfertigen und Vorläufigen haben. Sie brauchen Beweise unter Umständen nur zu skizzieren und dürfen auch Ergebnisse enthalten, die in ähnlicher Form schon erschienen sind oder später erscheinen sollen.

Die Herausgabe der „*Lecture Notes*" Serie durch den Springer-Verlag stellt eine Dienstleistung an die mathematischen Institute dar, indem der Springer-Verlag für ausreichende Lagerhaltung sorgt und einen großen internationalen Kreis von Interessenten erfassen kann. Durch Anzeigen in Fachzeitschriften, Aufnahme in Kataloge und durch Anmeldung zum Copyright sowie durch die Versendung von Besprechungsexemplaren wird eine lückenlose Dokumentation in den wissenschaftlichen Bibliotheken ermöglicht.

Lecture Notes in
Operations Research and
Mathematical Systems

Economics, Computer Science, Information and Control

Edited by M. Beckmann, Providence and H. P. Künzi, Zürich

39

Statistische Methoden II

Mehrvariable Methoden und Datenverarbeitung

Herausgegeben von E. Walter
Institut für medizinische Statistik und Dokumentation, Freiburg

Springer-Verlag
Berlin · Heidelberg · New York 1970

ISBN 978-3-540-04962-3 ISBN 978-3-642-88253-1 (eBook)
DOI 10.1007/978-3-642-88253-1

Inhaltsverzeichnis

Autorenverzeichnis

Bock H. H., Dr. rer. nat., Institut für mathematische Statistik, Freiburg

Geis T., Dr. rer. nat. Akad. Oberrat, Institut für angewandte Mathematik, Freiburg

Heite H.-J., Prof. Dr. med., Hautklinik, Freiburg

Jesdinsky H.-J., Dozent Dr. med., Institut für medizinische Statistik und Dokumentation, Freiburg

Morgenstern D., Prof. Dr. rer. nat., Institut für mathematische Statistik, Freiburg

Pfander R., Dipl. Math., IBM, Sindelfingen

Roßner R., Dipl. Math., Institut für medizinische Statistik und Dokumentation, Freiburg

Walter E., Prof. Dr. rer. nat., Institut für medizinische Statistik und Dokumentation, Freiburg

M e h r v a r i a b l e   M e t h o d e n

Überblick über mehrvariable Methoden

E. Walter

Einleitung

Die statistischen Methoden wurden zunächst für den Fall entwickelt, daß an einzelnen Individuen, den Merkmalsträgern, jeweils nur ein einziges Merkmal, höchstens zwei, betrachtet wurden. Dies hat seine Ursache darin

1) daß die statistischen Parameter dann eine einfache Bedeutung besitzen,
2) daß sich die Beobachtungswerte mit Hilfe von Histogrammen oder Korrelationstabellen leicht darstellen lassen und
3) daß die Berechnungen mit Bleistift und Papier oder Tischrechenmaschinen durchgeführt werden können.

Im allgemeinen schränkt man sich jedoch bei der Erhebung nicht auf ein oder zwei Merkmale ein, sondern betrachtet gleichzeitig mehrere. Würde man diesen Fall mit den bereits bekannten Methoden behandeln, so kann man Fragestellungen, die zwar im mehrvariablen, aber nicht im einvariablen Fall auftreten, nicht beantworten. Auch bleiben Beziehungen zwischen den Merkmalen unberücksichtigt. Schließlich führt die mehrfache Durchführung von statistischen Testverfahren für jedes einzelne Merkmal zu schwer abzuschätzenden Fehlerwahrscheinlichkeiten, wenn man nur daran interessiert ist, ob überhaupt Unterschiede vorhanden sind.

Im folgenden wird ein Überblick über statistische Methoden gegeben, wenn bei jedem Merkmalsträger mehr als ein Merkmal beobachtet wird. Hierzu gehören zunächst Methoden, die Verallgemeinerungen von Methoden in einvariablen Falle darstellen. Darunter fällt die multiple Regression, die multiple Varianzanalyse (MANOVA), die Diskriminanzanalyse und die automatische Klassifikation.

Methoden, die Probleme behandeln, die erst im mehrvariablen Fall auftreten, sind die Hauptkomponenten-Analyse, die Faktorenanalyse und die kanonische Korrelation.

Ausgangsdaten

Wir gehen davon aus, daß an I Merkmalsträgern insgesamt K Merkmale beobachtet wurden. $y_i^{(k)}$ $(i = 1,\ldots,I\ ;\ k = 1,\ldots,K)$ sei der k-te Merkmalswert des i-ten Merkmalsträgers. Diese Werte lassen sich in einer I×K Datenmatrix darstellen. Für sehr viele Methoden wird angenommen, daß die Beobachtungen einer k-dimensionalen Normalverteilung folgen. Diese Annahme stellt technisch eine Vereinfachung dar, ist aber nicht notwendig.

1. Multiple Regression

Bei dieser Methode wird versucht, eines der K Merkmale, z.B. $y_i^{(1)}$, möglichst gut durch eine Linearkombination der übrigen Merkmale auszudrücken.

$$y_i^{(1)} = a + \sum_{k=2}^{K} b_k y_i^{(k)} \qquad (i = 1,\ldots,I)$$

Die Koeffizienten der Merkmale bezeichnet man als partielle Regressionskoeffizienten. Für die Anwendung dieser Methode ist notwendig, daß $y_i^{(1)}$ bei festgehaltenen anderen Merkmalswerten einer Normalverteilung folgt, die eine von den übrigen Werte unabhängige Varianz hat. Es ist nicht notwendig, daß die K − 1 übrigen Merkmale normalverteilt sind, sie können sogar fest vorgegeben sein. Weil nur $y_i^{(1)}$ als Zufallsvariable vorausgesetzt werden muß, wird die multiple Regression oft nicht zu den mehrvariablen Methoden gezählt.

2. Diskriminanzanalyse

Man geht davon aus, daß zwei oder mehrere Populationen gegeben sind, deren Verteilungen bekannt sind. Ein Individuum, das zu einer dieser Populationen gehört, soll nun aufgrund seiner Merkmalswerte einer dieser Populationen so zugeordnet werden, daß die Wahrscheinlichkeit, eine Fehlklassifizierung vorzunehmen, möglichst klein ist. Wenn die Verteilung der Merkmale in allen Populationen normal und die Varianzen und Kovarianzen gleich sind, so daß sich die Populationen nur durch ihre Mittelwerte unterscheiden, dann ergibt sich als bestes Kriterium eine Linearkombination der Merkmalswerte, bei der oberhalb eines Trennpunktes die unbekannten Individuen der einen und unterhalb der anderen Population zugeordnet werden. Gelten diese Voraussetzungen nicht, so wird man eine lineare Trennfunktion als erste Näherung verwenden. Sind die Kovarianzmatrizen verschieden, so sind quadratische Trennfunktionen notwendig.

Meist sind die Verteilungen unbekannt. Dann müssen sie aus einer Stichprobe von Individuen geschätzt werden, bei denen genau bekannt sein muß, zu welcher Population sie gehören.

3. Automatische Klassifikation

Die automatische Klassifikation behandelt den Fall, daß von n Individuen jeweils mehrere Merkmale beobachtet sind, aufgrund derer die Individuen möglichst optimal in sich gegenseitig ausschließende Klassen eingeteilt werden. Dazu müssen zwischen den Individuen Abstandsmaße definiert werden. Dann wird man die Klassen so wählen, daß die Individuen in der gleichen Klasse einen möglichst kleinen und die Individuen verschiedener Klassen einen möglichst großen Abstand besitzen. Allerdings sind befriedigende statistische Verfahren bisher noch nicht entwickelt worden. Die Verfahren, die uns z.Zt. zur Verfügung stehen, erfordern einen ganz erheblichen Rechenaufwand.

4. MANOVA

Interessiert nicht nur die Wirkung einer Einflußgröße auf einzelne Merkmale, sondern die Frage, ob überhaupt ein Einfluß auf eine Gruppe von Merkmalen vorhanden ist, dann verwendet man die **mehrvariable** Varianzanalyse. Sie wird ganz ähnlich wie die einfache Varianzanalyse durchgeführt. Der Unterschied besteht nur darin, daß die mittleren Abweichungsquadrate (MQ) durch die Kovarianzmatrizen der Merkmale ersetzt werden. Als Prüfmaße werden anstelle des Quotienten zweier MQ-Werte, die Quotienten der Determinanten der Kovarianzmatrizen verwendet.

5. Faktoranalyse und Hauptkomponentenanalyse

Mit dieser Methode wird versucht, jedes der K Merkmale der Merkmalsträger als Linearkombinationen von $S < K$ weiteren Merkmalen, den sogenannten Faktoren, auszudrücken.

Beispiel: Werden an I Personen je K Körpermaße (Länge des Oberarms, Brustumfang etc.) gemessen, dann sollen diese durch möglichst wenige Faktoren ausgedrückt werden.

Die Merkmalswerte der I Personen lassen sich durch I Punkte im K-dimensionalen Merkmalsraum darstellen. Werden diese Punkte auf eine Gerade im Merkmalsraum projiziert, so erhält man auf ihr eine Stichprobenverteilung mit einer Varianz s^2. Der erste Faktor wird durch diejenige Gerade dargestellt, bei der diese Varianz am größten ist. Der zweite Faktor ergibt sich aus der Geraden, die unter allen zur ersten Geraden orthogonalen Geraden die Varianz maximiert usw.

Diese Faktoren bezeichnet man als Hauptkomponenten (principal components) und ihre Bestimmung die Hauptkomponentenanalyse.

Die eigentliche Faktoranalyse unterscheidet sich von der Hauptkomponentenanalyse durch die Annahme, daß neben den S Faktoren noch K spezifische Faktoren existieren, die die individuellen Variationen der einzelnen Merkmale beschreiben. Die S Faktoren sollen nur den Anteil der Variation erklären, der mehreren Merkmalen gemeinsam ist.

Die Bestimmung beruht auch auf der Hauptkomponentenanalyse oder ähnlichen Verfahren, mit deren Hilfe vor allem die Anzahl der Faktoren festgestellt wird. Diese Faktoren werden dann so transformiert, daß sie sinnvoll interpretiert werden können. Dies bildet ein willkürliches Element in der Faktoranalyse, das dazu führt, daß die Auswertung des gleichen Materials zu verschiedenen Ergebnissen führen kann.

6. Kanonische Korrelation

Von jedem Merkmalsträger seien zwei verschiedene Gruppen von Merkmalen festgestellt worden und man möchte untersuchen, ob zwischen diesen Gruppen von Merkmalen Beziehungen bestehen. Zu diesem Zweck werden die Merkmale so transformiert, daß in beiden Gruppen jeweils r neue Merkmale mit folgenden Eigenschaften entstehen:

Die ersten Merkmale in jeder Gruppe werden durch diejenigen Linearkombinationen der Ausgangswerte gebildet, die miteinander den höchsten Korrelationskoeffizienten haben. Betrachtet man die dazu orthogonalen Linearkombinationen in beiden Merkmalsgruppen, so bilden die zweiten Merkmale in jeder Gruppe wieder diejenigen Linearkombinationen mit den höchsten Korrelationskoeffizienten usw. Aus dieser Konstruktion folgt, daß die so gebildeten Merkmale in derselben Merkmalsgruppe unkorreliert sind. Man bezeichent sie als kanonische Korrelationen.

Multiple und partielle Korrelation

R. Pfander

Wir betrachten zunächst den Fall, daß unsere Beobachtungen aus Tripeln (Y, X_1, X_2) bestehen, die einer dreidimensionalen Normalverteilung mit $E(Y) = \mu_y$, $E(X_1) = \mu_{x_1}$ und $E(X_2) = \mu_{x_2}$ folgen. Die Korrelationskoeffizienten bilden die Korrelationsmatrix

$$R = \begin{pmatrix} 1 & \varrho_{yx_1} & \varrho_{yx_2} \\ \varrho_{yx_1} & 1 & \varrho_{x_1x_2} \\ \varrho_{yx_2} & \varrho_{x_1x_2} & 1 \end{pmatrix}$$

In diesen Korrelationskoeffizienten z.B. von Y und X_1 ist der Einfluß von X_2 enthalten, den wir zunächst ausschalten wollen.

Hierzu betrachten wir zuerst die Regression von Y auf X_2 und die Regression von X_1 auf X_2

$$Y = \alpha_o + \alpha_1 \, (X_2 - \mu_{x_2}) + U$$

und

$$X_1 = \gamma_o + \gamma_1 \, (X_2 - \mu_{x_2}) + V$$

und bilden die Abweichungen von Y bzw. X_1 von ihren Regressionsgeraden, d.h. wir setzen

$$U = Y - \alpha_o - \alpha_1 \, (X_2 - \mu_{x_2})$$

und

$$V = X_1 - \gamma_o - \gamma_1 \, (X_2 - \mu_{x_2}) \, .$$

In U und V ist der Einfluß von X_2 ausgeschaltet.

Es gilt:

$$\varrho_{x_1y.x_2} = \text{Korr}(U,V) = \frac{\varrho_{yx_1} - \varrho_{yx_2}\,\varrho_{x_1x_2}}{\sqrt{(1-\varrho^2_{yx_2})(1-\varrho^2_{x_1x_2})}}$$

$\varrho_{x_1y.x_2}$ nennen wir den partiellen Korrelationskoeffizienten zwischen X_1 und Y unter Ausschaltung von X_2.

$\varrho_{x_1y.x_2}$ wird durch $r_{x_1y.x_2} = \dfrac{r_{yx_1} - r_{yx_2}\,r_{x_1x_2}}{\sqrt{(1-r^2_{yx_2})(1-r^2_{x_1x_2})}}$

geschätzt; dabei ist z.B. r_{yx_1} die Schätzgröße für den Korrelationskoeffizienten zwischen Y und X_1 .

Es gilt: $r^2_{x_1y.x_2} = b_{yx_1.x_2} \cdot b_{x_1y.x_2}$.

Die Hypothese $H_o : \varrho_{x_1y.x_2} = 0$ wird mit der Testgröße

$$t = \frac{r_{x_1y.x_2}\sqrt{n-3}}{\sqrt{1 - r^2_{x_1y.x_2}}}$$ geprüft. Dabei hat t unter der

Nullhypothese ($\varrho_{x_1y.x_2} = 0$) eine t-Verteilung mit n-3 FG.

Der Test von $\varrho_{x_1y.x_2} = 0$ ist identisch mit dem Test von $\beta_1 = 0$.

Wollen wir aber wissen, wie eng der Zusammenhang von Y mit X_1 <u>und</u> X_2 ist, so wird man den Korrelationskoeffizienten zwischen Y und

$Z = \beta_o + \beta_1(X_1 - \mu_{x_1}) + \beta_2(X_2 - \mu_{x_2})$ betrachten.

Wir bilden also dann: $\varrho_{y.x_1x_2} = \varrho_{yz}$

und bezeichnen $\varrho_{y.x_1x_2}$ als multiplen Korrelationskoeffizienten.

Es ist $\varrho^2_{y.x_1x_2} = 1 - (1 - \varrho^2_{yx_1})(1 - \varrho^2_{yx_2.x_1})$

$\varrho_{y.x_1x_2}$ wird durch $r_{y.x_1x_2} = \sqrt{1 - (1 - r^2_{yx_1})(1 - r^2_{yx_2.x_1})}$

$$= \sqrt{\frac{b_1 S_{x_1y} + b_2 S_{x_2y}}{S_{y^2}}}$$

geschätzt.

Die Prüfung von $H_0 : \varrho_{y.x_1x_2} = 0$ erfolgt durch die Größe

$$F = \frac{r^2_{y.x_1x_2}}{1 - r^2_{y.x_1x_2}} \cdot \frac{n-3}{2} ,$$

die unter der Nullhypothese eine F-Verteilung mit 2 und n-3 FG hat.

Der Test für $\varrho_{y.x_1x_2} = 0$ ist identisch mit dem Test für $\beta_1 = 0$ und $\beta_2 = 0$.

Außerdem kann man $s^2_{y.x_1x_2}$ durch die verschiedenen Korrelationskoeffizienten ausdrücken. Es gilt:

$$s^2_{y.x_1x_2} = \frac{S_{y^2}}{n-3} (1 - r^2_{yx_1})(1 - r^2_{yx_2.x_1})$$

$$= \frac{S_{y^2}}{n-3} (1 - r^2_{y.x_1x_2}).$$

Der multiple Korrelationskoeffizient ist also ein Maß dafür, wieviel der ursprünglichen Varianz von Y sich durch die Variabilität von Y_1 und X_2 erklären läßt.

Wir haben hier nur die Formeln für den partiellen Korrelationskoeffizienten von Y,X_1 angegeben. Die entsprechenden Formeln für die anderen partiellen Korrelationskoeffizienten entstehen durch Vertauschung der Indizes.

Für den allgemeinen Fall von k + 1 Veränderlichen $Y, X_1, \ldots, X_k$ lautet das Modell:

$$Y = \beta_o + \beta_1(X_1 - \mu_{x_1}) + \ldots + \beta_k(X_k - \mu_x) + \varepsilon$$

(Y, zufällig; $\beta_o, \beta_1, \ldots, \beta_k$ unbekannte Parameter).

Die multiplen und partiellen Korrelationskoeffizienten lassen sich dann nur mit Hilfe von Matrizen ausdrücken. Es gilt z.B.

$$r_{yx_1 \, . \, x_2 \ldots x_n} = - \frac{|R_{yx_1}|}{\sqrt{|R_{yy}||R_{x_1x_1}|}} ,$$

wobei R_{ij} die Matrix bedeutet, die aus der Korrelationsmatrix R entsteht, wenn man die i-te Zeile und die j-te Spalte herausstreicht. In ähnlicher Weise ist

$$r_{y.x_1 \ldots x_n} = \sqrt{1 - \frac{|R|}{|R_{yy}|}} .$$

Mehrdimensionale Kontingenztafeln

H.-J. Jesdinsky

An den Elementen einer Population sollen m Merkmale A,B,...(m > 2) interessieren. Diese liegen in den Ausprägungen $A_1,\dots,A_r$, $B_1,\dots,B_s$, $C_1,\dots,C_t,\dots$ vor. Die Elemente einer Stichprobe aus dieser Population kann man nach den Merkmalsausprägungen sortieren und in einer sog. mehrdimensionalen Kontingenztafel die Anzahlen der Stichprobenelemente eintragen, die gewisse Merkmalsausprägungen aufweisen.

Es soll die Frage untersucht werden, ob die Merkmale A, B, ... unabhängig sind. Folgende Bezeichnungen sollen verwendet werden, wobei wir uns auf den Fall m = 3 beschränken.

p_{ijk} Wahrscheinlichkeit dafür, daß ein Element die Merkmalsausprägungen A_i, B_j und C_k hat ($i=1,\dots,r$; $j=1,\dots,s$, $k=1,\dots,t$)

p_{ijo} Wahrscheinlichkeit dafür, daß ein Element die Ausprägungen A_i und B_j hat, usf.

z.B.

p_{ook} Wahrscheinlichkeit dafür, daß ein Element die Ausprägung C_k hat.

Die Stichprobenanzahlen seien folgendermaßen bezeichnet:

n_{ijk} Anzahl der Stichprobenelemente mit der Merkmalsausprägung A_i, B_j und C_k

Bei den später benötigten "Randsummen" werden diejenigen Indizes, über die summiert wird, wie üblich durch Punkte ersetzt, z.B.

$$n_{.j.} = \sum_i \sum_k n_{ijk} \,.$$

Wenn Unabhängigkeit der Merkmale A, B, C vorliegt, werden die Relationen

$$p_{ijk} = p_{ijo}\, p_{ook} = p_{iok}\, p_{ojo} = p_{ojk}\, p_{ioo} = p_{ioo}\, p_{ojo}\, p_{ook} \qquad (1)$$

gelten. Außerdem sind dann die Summen über alle p_{ijk}, alle p_{ijo}, usf. immer 1.

Man kann sich überlegen, daß genau rst-(r+s+t)+2 Relationen genügen, um die Unabhängigkeit dreier Merkmale mit r, s bzw. t Ausprägungen zu beschreiben. Z.B. ist für r=s=t=2 mit 4 Relationen die Unabhängigkeit der drei Einteilungen beschrieben.

Unter der Nullhypothese: Unabhängigkeit von A, B und C ist wegen (1) gefordert

$$E(n_{ijk}) = n_{...}p_{ioo}p_{ojo}p_{ook}\,.$$

Mit den Schätzungen

$$\begin{aligned} \hat{p}_{ioo} &= n_{i..}/n_{...} \\ \hat{p}_{ojo} &= n_{.j.}/n_{...} \\ \hat{p}_{ook} &= n_{..k}/n_{...} \end{aligned} \tag{2}$$

hat man bei Unabhängigkeit

$$E(n_{ijk}) = \frac{n_{i..}n_{.j.}n_{..k}}{n^2_{...}} = e_{ijk}\,.$$

Einen Anpassungstest der beobachteten n_{ijk} an e_{ijk} liefert die Größe

$$V = \sum_{ijk} (n_{ijk} - e_{ijk})^2/e_{ijk} \tag{3}$$

mit rst-r-s-t+2 Freiheitsgraden. (Man hat in (2) r+s+t-3 Parameter geschätzt).

Nun ist man in der Praxis meist nicht an einem solchen "globalen" Test interessiert. Sei etwa eine Einteilung von Appendektomie - fällen nach Diagnose (A_1 perforiert, A_2 nicht perforiert), Leukozytose (B_1 Leukozytenzahl $\geq$ 12000, B_2 Leukozytenzahl < 12000) und Alter ($C_1 \geq$ 60 Jahre, C_2 unter 60 J.) vorgenommen, so wird man sich nicht wundern, daß die Leukozytose bei alten Patienten seltener ist (Abhängigkeit B,C) oder die Perforation bei alten Patienten häufiger (Abhängigkeit A,C) oder gar, daß die Leukozytose bei der Perforation häufiger ist (Abhängigkeit A,B). Man wird aber fragen, ob bei alten Patienten die Abhängigkeit zwischen Leukozytose und Perforation geringer ausgeprägt ist.

Man kann die Frage auch anders formulieren: Ist bei den Fällen ohne Leukozytose die Altersabhängigkeit der Perforationsrate stärker ausgeprägt? Wir wollen also die Hypothese testen, ob über eine zugestandene paarweise Abhängigkeit dreier Einteilungen hinaus keine Abhängigkeit der drei Einteilungen besteht. Diese Frage wird in der Literatur etwas unglücklich als Frage nach der "Wechselwirkung" in dreidimensionalen Kontingenztafeln behandelt (dabei hat das Problem nichts mit der Nichtadditivität in linearen Modellen gemein).

Ausgehend von dem Anpassungstest an den Fall globaler Unabhängigkeit (3) hat Lancaster die Größe

$$V_{ABC} = V - V_{AB} - V_{AC} - V_{BC}, \qquad (4)$$

wobei V_{AB} gleich

$$V_{AB} = \sum_i \sum_j (n_{ij.} - \frac{n_{i..}n_{.j.}}{n_{...}})^2 \Big/ \frac{n_{i..}n_{.j.}}{n_{...}}$$

ist (V_{AC} und V_{BC} entsprechend), vorgeschlagen. V_{ABC} ist bei totaler Unabhängigkeit asymptotisch χ^2-verteilt mit $(r-1)\cdot(s-1)\cdot(t-1)$ Freiheitsgraden.

Zur Untersuchung, ob eine Prüfgröße wie (4) geeignet ist, die "restliche" Abhängigkeit (Abhängigkeit von A,B,C über die paarweise Abhängigkeit hinaus) zu testen, kann man folgendes Kriterium heranziehen:

Sei eine 2x2x2-Kontingenztafel gegeben, so soll die Hypothese: 'keine "restliche" Abhängigkeit' (im obigen Sinn) definiert sein vermöge einer Funktion g von je 4 Wahrscheinlichkeiten, so daß die Bedingung

$$g(p_{111}, p_{121}, p_{211}, p_{221}) = g(p_{112}, p_{122}, p_{212}, p_{222}) \qquad (5)$$

auch bei Vertauschung der Indexpositionen in (5) gilt. Mit anderen Worten: Die Hypothese soll in A,B und C symmetrisch sein.

Der Test (4) erfüllt diese Forderung. Seine Formulierung in Form der Beziehung (5) ist jedoch kompliziert. Daher kann man auch nicht leicht sehen, auf welche Art von Abweichungen von der Nullhypothese der Test empfindlicher und auf welche er weniger empfindlich ist.

Eine andere, einfacher zu überblickende Hypothese, die (5) genügt, ist

$$\frac{p_{111}}{p_{121}} \Big/ \frac{p_{211}}{p_{221}} = \frac{p_{112}}{p_{122}} \Big/ \frac{p_{212}}{p_{222}} \qquad (6)$$

Die Hypothese (6) kann man mit einem Test von Bartlett oder einem Test, der zuerst von Woolf angegeben wurde, testen. Es sei nur das rechnerisch einfachere und leicht auf größere als 2×2×2-Tafeln ausdehnbare Verfahren von Woolf in der Form, wie es von Goodman, Plackett und anderen ausgebaut wurde, angeführt.

Bei Woolf's Test geht man zu den Logarithmen der n_{ijk} über. Sei $l_{ijk} = \ln n_{ijk}$ $(i,j = 1,2,\ k=1,\dots,t)$. Falls ein $n_{ijk} = 0$, kann man $l_{ijk} = 0$ wählen oder, ehe man logarithmiert, zu allen n_{ijk} $(i,j = 1,2, k=1,\dots,t)$ den Wert $\frac{1}{2}$ addieren.

Sei $z_k = l_{11k} - l_{12k} - l_{21k} + l_{22k}$

und $w_k = \left(\sum_{i,j=1}^{2} n_{ijk}^{-1}\right)^{-1}$,

so ist

$$X_{ABC}^2 = \sum_k w_k z_k^2 - \left(\sum_k w_k z_k\right)^2 / \sum_k w_k \tag{8}$$

eine Prüfgröße[1], die unter der (6) entsprechenden und im Falle t=2 auch der Symmetriebedingung (5) genügenden Hypothese

$$\frac{p_{11k}}{p_{12k}} \Big/ \frac{p_{21k}}{p_{22k}} = \frac{p_{11k'}}{p_{12k'}} \Big/ \frac{p_{21k'}}{p_{22k'}}, \quad k' \neq k, \tag{6a}$$

$$k,k' = 1,\dots,t$$

asymptotisch eine χ^2-Verteilung mit t-1 Freiheitsgraden hat.

(8) ist das Ergebnis der Überlegungen zu einem Spezialfall der r×s×t-Tafel. Man kann bei r,s > 2 lineare Kontraste

$z_k^* = \sum_{ij} c_{ij}\, l_{ijk}$ mit $\sum_i c_{ij} \equiv \sum_j c_{ij} \equiv 0$ bilden.

Setzt man dann $w_k^* = \left(\sum_{ij}\sum c_{ij}^2\, n_{ijk}^{-1}\right)^{-1}$, so kann man mit w_k^* und z_k^* eine

1) X_{ABC}^2 ist bei r=s=t=2 wegen der Gewichte w_k nicht symmetrisch in A, B und C. Dies rührt vor den Gewichten w_k her.

(8) entsprechende Größe X^{*2}_{ABC} bilden, die ebenfalls t-1 Freiheitsgrade hat.

Bei mehr als drei Merkmalen werden schon die Formulierungen von "restlicher Abhängigkeit" etc. und auch die Konstruktion geeigneter Tests schwierig.

Literatur:

Bartlett,M.S.: Contingency table interactions. J.roy.statist.Soc. Suppl.2, 248-252 (1935).

Goodman,L.A.: Simple methods for analysing three-factor interactions in contingency tables. J.Amer.statist.Ass.59, 319-352(1964).

Lancaster,H.O.: Complex contingency tables treated by the partition of χ^2. J.roy.statist.Soc.B 13, 242-249 (1951).

Plackett,R.L.: A note on interactions in contingency tables. J.roy. statist.Soc.B 24, 162-166 (1962).

Woolf,B.: On estimating the relation between blood group and disease. Annals of Human Genetics 19, 251-253 (1955).

Diskriminanzanalyse

R. Roßner

Es handelt sich bei der Diskriminanzanalyse um folgende Problemstellung: Ein beobachtetes Individuum stammt aus einer der beiden möglichen Populationen π_1 und π_2. An dem Individuum werden eine Reihe von Merkmalen gemessen, und es besteht die Aufgabe, aufgrund dieser Merkmale zu entscheiden, ob die Beobachtung aus π_1 oder π_2 stammt.

Diese Situation läßt sich als ein statistisches Entscheidungsproblem behandeln. Man muß zwischen den beiden Alternativhypothesen π_1 und π_2 entscheiden und braucht dazu ein in einem noch zu spezifizierenden Sinne "optimales" Verfahren.

Die Merkmale werden als Zufallsvektor X betrachtet mit der Dichte $f_1(x)$ für π_1 und $f_2(x)$ für π_2.

Es seien $C(2|1)(>0)$ die "Kosten", die entstehen, wenn eine Beobachtung aus π_1 in π_2 fehlklassifiziert wird, und $C(1|2)$ entsprechend.

Sei weiter $P(2|1,R)$ die Wahrscheinlichkeit, bei dem Entscheidungsverfahren R nach π_2 zu klassifizieren, wenn die Beobachtung aus π_1 ist.

Dann ist der erwartete Verlust, das Risiko, falls π_1 vorliegt

$$r(1,R) = C(2|1)P(2|1,R)$$

und entsprechend

$$r(2,R) = C(1|2)P(1|2,R).$$

Alle im statistischen Sinn zulässigen Entscheidungsverfahren hängen bei einem derartigen Alternativproblem nur über den Likelihood-quotienten $L(X) = f_1(X)/f_2(X)$ von den Beobachtungen ab. Man entscheidet für π_1, falls $L(X) \geq k$ und für π_2, falls $L < k$, wobei nur noch die Zahl k durch das Entscheidungsverfahren festgelegt wird.

Nehmen wir weiter an, daß $f_i(x)$ $(i=1,2)$ Dichten der Normalverteilung sind mit den Mittelwertvektoren μ_i und der <u>gemeinsamen</u> Kovarianzmatrix Σ, dann ergibt sich nach einiger Umformung

$$\log L(X) = U = X\Sigma^{-1}(\mu_1-\mu_2) - \tfrac{1}{2}(\mu_1 + \mu_2)'\Sigma^{-1}(\mu_1-\mu_2) .$$

Der erste Term der rechten Seite ist eine lineare Funktion des Beobachtungsvektors und wird Diskriminanzfunktion genannt.

Die Zahl $(\mu_1-\mu_2)'\Sigma^{-1}(\mu_1-\mu_2)$ werde α genannt und log k mit c bezeichnet.

Unter π_1 hat U die Verteilung $N(\frac{\alpha}{2}, \alpha)$ und unter π_2 $N(-\frac{\alpha}{2}, \alpha)$

Dann ist die Wahrscheinlichkeit für eine Fehlklassifikation unter π_1

$$P(2|1) = \int_{-\infty}^{(c-\frac{\alpha}{2})/\sqrt{\alpha}} \frac{1}{\sqrt{2\pi}} e^{-\frac{y^2}{2}} dy$$

und unter π_2 entsprechend

$$P(1|2) = \int_{(c+\frac{\alpha}{2})/\sqrt{\alpha}}^{\infty} \frac{1}{\sqrt{2\pi}} e^{-\frac{y^2}{2}} dy \quad .$$

Nun hat man die Wahl zwischen den üblichen statistischen Optimalitätskriterien. Geht man nach Neyman-Pearson vor, kann man mit der Wahl von c die Größe der Fehlerwahrscheinlichkeit bestimmen.

Für die Minimax-Lösung ist c so zu bestimmen, daß

$$C(1|2)P(1|2) = C(2|1)P(2|1)$$

wird.

Macht man den Bayesschen Ansatz, d.h. gibt man a-priori-Wahrscheinlichkeiten p_1 und p_2 für das Auftreten von π_1 und π_2 vor, dann wird das Bayes-Risiko

$$C(2|1)P(2|1)p_1 + C(1|2)P(1|2)p_2$$

minimiert durch die Wahl von

$$c = \log \frac{p_2\, C(1|2)}{p_1 C(2|1)} \quad .$$

In der Praxis wird oft der Fall auftreten, daß man μ_i und Σ nicht genau kennt und nur aus einer mehr oder weniger großen Anzahl von vorhergehenden Beobachtungen schätzen konnte. Setzt man die üblichen Schätzwerte für die unbekannten Parameter ein, so kann man zeigen, daß die Funktion, die man erhält, wenn man diese Parameter durch ihre Schätzgrößen ersetzt, asymptotisch dieselbe Verteilung hat wie die Diskriminanzfunktion.

Quadratische Diskriminanzanalyse

R. Roßner

Sind bei der Diskriminanzanalyse die Kovarianzen in den beiden Populationen π_1 und π_2 nicht gleich, so erhält man als Logarithmus des Likelihoodquotienten

$$\log L(x) = -\frac{1}{2}(x'(\Sigma_1^{-1} - \Sigma_2^{-1})x - 2x'\Sigma_1^{-1}\mu_1 + 2x'\Sigma_2^{-1}\mu_2 + \text{const}) .$$

Die Diskriminanzfunktion ist keine lineare Funktion mehr, sondern eine quadratische. Das bedeutet, daß die "Trennfläche" zwischen den Populationen keine Hyperebene ist, sondern eine Hyperfläche 2. Ordnung.

Mit einem Beispiel (C.A.B.Smith, Annals of Eugenics (1946-1947)) soll dieser Sachverhalt in zwei Dimensionen erläutert werden.

Es wurden an je 25 Normalpersonen (π_1) und Geisteskranken (π_2) zwei psychologische Tests durchgeführt.

Die Ergebniswerte bilden für jede Person den zweidimensionalen Beobachtungsvektor. Daraus errechnet sich:

$$\mu_1 = \begin{pmatrix} 20{,}80 \\ 12{,}32 \end{pmatrix} \qquad \mu_2 = \begin{pmatrix} 12{,}80 \\ 36{,}40 \end{pmatrix}$$

$$S_1 = \begin{pmatrix} 6{,}92 & -5{,}27 \\ -5{,}27 & 40{,}89 \end{pmatrix} \qquad S_2 = \begin{pmatrix} 36{,}75 & 13{,}92 \\ 13{,}92 & 287{,}92 \end{pmatrix}$$

Die Korrelation zwischen X_1 und X_2 ist so gering, daß man sie vernachlässigen kann. Dann ist näherungsweise

$$\log L(X) = \left(\frac{x-23}{2}\right)^2 + \left(\frac{y-8}{5}\right)^2 = 16 .$$

Das Bild der Gleichung $\log L(x) = 0$ ist eine achsenparallele Ellipse.

Multivariate Varianzanalyse

R. Roßner

Beobachtet man anstatt einer eindimensionalen Zufallsvariablen einen Zufallsvektor bei einer Versuchsanordnung, die eine Anwendung mit Hilfe der Varianzanalyse vorsieht, so kann die Auswertung nicht nur getrennt für jede Merkmalskomponente als Varianzanalyse (ANOVA) erfolgen, sondern es kann eine multivariate Varianzanalyse (MANOVA) vorgenommen werden.

Am Beispiel der Einfachklassifikation soll das im folgenden durchgeführt werden.

$Y_{ij} = (Y_{ij}^1, \ldots, Y_{ij}^n)$ seien die beobachteten Zufallsvektoren.

Dann lautet das Modell in Vektorschreibweise

$$Y_{ij} = \mu + \tau_i + \varepsilon_{ij}$$

mit den Voraussetzungen:

$$\Sigma \tau_i = 0 .$$

Die Zufallsvektoren ε_{ij} seien unabhängig mit dem Erwartungswertvektor 0 und der Kovarianzmatrix Σ.

Die Erwartungswertparameter werden komponentenweise wie im univariaten Fall geschätzt.

Eine Schätzung für Σ ist

$$\hat{\Sigma} = S = \frac{\sum_{ij} (Y_{ij} - \bar{Y}_{i.})(Y_{ij} - \bar{Y}_{i.})'}{I(J - 1)}$$

Die SQ's aus der univariaten Varianzanalyse werden jetzt durch die "Summe der Produkte" - Matrizen (SP-Matrizen) ersetzt.

Ursache	SP	FG
Gruppen	$J \sum_i (\bar{Y}_{i.}-\bar{Y}_{..})(\bar{Y}_{i.}-\bar{Y}_{..})'$	I-1
Fehler	$\sum_{i,j} (Y_{ij}-\bar{Y}_{i.})(Y_{ij}-\bar{Y}_{i.})'$	I(J-1)
Gesamt	$\sum_{ij} (Y_{ij}-\bar{Y}_{..})(Y_{ij}-\bar{Y}_{..})'$	IJ-1

Um einen Test auf Gruppenunterschiede zu bekommen, braucht man eine genau spezifizierte Verteilungsannahme. Wir setzen voraus, daß die Y_{ij} einer n-dimensionalen Normalverteilung folgen.

Die SP-Matrix für den Fehler wird als R_o, die für "Gesamt" wird als R_1 bezeichnet. Dann ist die SP-Matrix für die Gruppen gleich $R_1 - R_o$.

Die Nullhypothese, daß keine Gruppenunterschiede vorhanden sind, lautet

$$H_o : \sum_{i=1}^{I} \tau_i' \tau_i = 0.$$

Im univariaten Fall wurde ein Test durch Vergleich der Gruppen- und Fehler-SQ konstruiert. Hier baut sich der Test aus dem Vergleich der Matrizen R_o und R_1 auf.

Als Prüfmaß für H_o ist

$$\Lambda = \frac{|R_o|}{|R_1|}$$

geeignet (Wilk-sches Λ).

Für die kritischen Werte von Λ verwendet man im allgemeinen Approximationen, die aus den Quantilen der F-Verteilung berechnet werden.

Eine von diesen Approximationen ist (Rao, 1951)

$$\frac{1 - \Lambda^{\frac{1}{5}}}{\Lambda^{\frac{1}{5}}} \cdot \frac{ms - 2\lambda}{n\,q} < F_{nq,\, ms - 2\lambda}$$

Dabei ist

$$m = t - \frac{n + q + 1}{2} ,$$

$$s = \sqrt{\frac{n^2 q^2 - 4}{n^2 + q^2 - 5}} ,$$

$$\lambda = \frac{nq - 2}{4} ,$$

$$q = \text{FG von } R_1 - R_0 ,$$

$$t = \text{FG von } R_1 .$$

Als Beispiel betrachten wir zwei Leistungsteste, die beide sowohl die Konzentration als auch die Ausdauer prüfen. 9 Versuchspersonen, die in 3 Gruppen à 3 Personen aufgeteilt werden konnten, erhielten folgende Punktwerte:

Gruppe	1			2			3		
Vp.Nr.	1	2	3	4	5	6	7	8	9
Test 1	2	1	3	0	2	1	6	4	5
Test 2	5	2	5	2	3	4	6	3	3

Die SP-Matrizen und die Freiheitsgrade sind in folgender Tabelle angegeben:

	SP	FG
Gruppen	$\begin{pmatrix} 26 & 5 \\ 5 & 2 \end{pmatrix}$	2
Fehler	$\begin{pmatrix} 6 & 7 \\ 7 & 14 \end{pmatrix}$	6
Gesamt	$\begin{pmatrix} 32 & 12 \\ 12 & 16 \end{pmatrix}$	8

$$\Lambda = \frac{84 - 49}{512 - 144} = 0{,}095$$

Im Fall von 2-dimensionalen Beobachtungen kann man das Λ exakt durch die F-Verteilung ausdrücken. Es ist

$$\frac{1 - \sqrt{\Lambda}}{\sqrt{\Lambda}} \cdot \frac{IJ - I - 1}{I - 1} \sim F_{2(I-1),\ 2(IJ - I-1)} \ .$$

Für das Beispiel folgt

$$\frac{1 - \sqrt{\Lambda}}{\sqrt{\Lambda}} \cdot \frac{5}{2} = 5{,}6 > F_{4,10;\ 0{,}95} = 3{,}48 \ .$$

Man kann also die Nullhypothese, daß kein Unterschied zwischen den Gruppen besteht, mit einer Irrtumswahrscheinlichkeit von 5% ablehnen.

Hauptkomponentenanalyse

R. Roßner

Man betrachtet eine n-dimensionale Zufallsvariable

$$X = (X_1, \ldots, X_n)$$

mit der Kovarianzmatrix Σ. Gesucht ist eine Linearkombination $a'X$ der Komponenten des Zufallsvektors mit maximaler Varianz.

Das ist nur dann eine sinnvolle Aufgabe, wenn der Vektor a bei der betrachteten Linearkombination normiert ist, d.h. wir suchen dasjenige a unter der Nebenbedingung $a'a = 1$, das die Größe

$$V(a'X) \quad = \quad a'\Sigma a$$

maximiert.

Die quadratische Form $a'\Sigma a$ nimmt ihr Maximum an für den 1. Eigenvektor a_1 von Σ.(Die Eigenvektoren sind nach der Größe ihrer Eigenwerte geordnet.)

Man nennt die Lösung dieser Extremalaufgabe

$U_1 = a_1'X$ die 1. Hauptkomponente von X

und zwar ist die Varianz von $a_1'X$ gleich dem größten Eigenwert λ_1 der Matrix Σ.

Der Vektor a_1 zeigt in die Richtung der größten Achse des Konzentrationsellipsoids der vorliegenden Verteilung.

Die Linearkombination, die man als zweite Hauptkomponente bezeichnet, ist durch dasjenige a gegeben, das unter den Bedingungen $a'a = 1$ und $a \perp a_1$ $V(a'X)$ maximiert. Das gilt für den zweiten Eigenvektor a_2,und es ist $V(a_2'X) = \lambda_2$.

Die dritte Hauptkomponente erhält man unter den Bedingungen $a \perp a_1$, $a \perp a_2$ und $a'a = 1$ usw. bis zur n-ten Hauptkomponente.

Diesen Übergang von X zu den Hauptkomponenten kann man als eine Transformation der ursprünglichen Beobachtungen in den n-dimensionalen Hauptkomponentenvektor $U = (U_1, \ldots, U_n)$ ansehen.

$$U = A'X, \text{ wobei } A = (a_1,\ldots,a_n)$$

die Matrix ist, deren Spalten die Eigenvektoren von Σ sind.

Wir wollen die Kovarianzmatrix von U betrachten und erhalten, wenn wir die Sätze über Eigenwerte und Eigenvektoren heranziehen:

$$V(U) = A'\Sigma A = \begin{pmatrix} \lambda_1 & & & 0 \\ & \ddots & & \\ & & \ddots & \\ 0 & & & \lambda_n \end{pmatrix}$$

Die Hauptkomponenten sind untereinander unkorreliert, sind also, wenn Normalverteilung vorliegt, unabhängig.

Kanonische Korrelation

R. Roßner

Der normale Korrelationskoeffizient ist ein Maß für die Abhängigkeit zweier Zufallsvariablen. Die multiple Regression liefert diejenige Linearkombination einer Reihe von Zufallsvariablen, die mit einer weiteren Zufallsvariablen maximale Korrelation besitzt.

Bei der kanonischen Korrelation wird dieser Gedanke insofern verallgemeinert, daß man 2 Zufallsvektoren hat und diejenigen Linearkombinationen aus den Komponenten der beiden Vektoren sucht, deren Korrelationskoeffizient maximal ist.

Wir betrachten 2 Zufallsvektoren X, Y

$$X' = (X_1, \ldots, X_n) \quad \text{und} \quad Y' = (Y_1, \ldots, Y_m) \ .$$

Σ_{11} sei die Kovarianzmatrix von X, Σ_{22} die von Y. Σ_{12} sei die Kovarianzmatrix von X und Y. Als Linearkombination $a'X$ und $b'Y$ lassen wir nur solche mit Varianz 1 zu.

Dann ist die Aufgabe so zu formulieren:

Gesucht sind Vektoren a und b, so daß

$$V(a'X) = a'\Sigma_{11}a = V(b'Y) = b'\Sigma_{22}b = 1$$

und

$$\mathrm{Cov}(a'X,\ b'Y) = a'\Sigma_{12}b \text{ ein Maximum annimmt.}$$

Wir wollen die mathematischen Einzelheiten bei der Lösung dieser Extremalaufgabe übergehen und gleich die beiden Determinantengleichungen angeben, auf die die Rechnung führt

$$|\Sigma_{21}\ \Sigma_{11}^{-1}\ \Sigma_{12} - \rho^2\ \Sigma_{22}| = 0 \text{ und} \qquad (1)$$

$$|\Sigma_{12}\ \Sigma_{22}^{-1}\ \Sigma_{21} - \rho^2\ \Sigma_{11}| = 0 \text{ mit} \qquad (2)$$

$$\Sigma_{21} = \Sigma_{12}' \ .$$

Diese beiden verallgemeinerten Eigenwertgleichungen haben beide dieselben Lösungen $\rho_1^2 \geq \rho_2^2 \geq \ldots \geq \rho_r^2$ mit den Eigenvektoren $a_1, \ldots, a_r$ für (1) und $b_1, \ldots, b_r$ für (2) (r = Rang Σ_{12}).

Die Zahlen ϱ_i heißen die kanonischen Korrelationen und die ZV $a_1'X,\ldots,a_r'X$ und $b_1'Y,\ldots,b_r'Y$ die kanonischen Variablen.

$$
\begin{aligned}
\text{Es ist}\quad & \operatorname{corr}(a_i'X, a_j'X) = 0 \text{ für } i \neq j ,\\
& \operatorname{corr}(b_i'Y, b_j'Y) = 0 \text{ für } i \neq j ,\\
& \operatorname{corr}(a_i'X, b_j'Y) = 0 \text{ für } i \neq j ,\\
\text{und}\quad & \operatorname{corr}(a_i'X, b_i'Y) = \varrho_i .
\end{aligned}
$$

Es haben also $a_1'X$ und $b_1'Y$ die größte Korrelation ϱ_1, von allen dazu unkorrelierten Variablen haben $a_2'X$ und $b_2'Y$ die größte Korrelation ϱ_2, usw.

Man hat mit der kanonischen Korrelation die Abhängigkeit zwischen zwei Gruppen von Variablen auf eine besondere Form gebracht. Anwendungspeispiele der kanonischen Korrelation sind in der Literatur außerordentlich selten.

Faktoranalyse

H.-J. Jesdinsky

Die Faktoranalyse sucht Beobachtungen $x = (x_1, x_2, \ldots, x_n)'$, die aus einer n-dimensional normalverteilten Population stammen, so durch Faktoren $f = (f_1, f_2, \ldots, f_m)$, $m < n$, auszudrücken, daß bei möglichst kleinem m die Information, die in den Beobachtungen x enthalten ist, möglichst vollständig gewahrt bleibt. Dabei sollen die Faktoren lineare Funktionen der n Merkmalswerte $x_1, x_2, \ldots, x_n$ sein.

Meist verwendet man statt der Beobachtungsvektoren x die "standardisierten" Vektoren z, wobei die j-te Komponente $(j=1,\ldots,n)$ der i-ten Beobachtung $(i=1,\ldots,N)$ gegeben ist durch

$$z_{ij} = (x_{ji} - \bar{x}_j)/s_j \ . \tag{1}$$

$\bar{x}_j$ ist das Stichprobenmittel, s_j^2 die Stichprobenvarianz der j-ten Komponente (des j-ten Merkmals) von x.

Das Modell der Faktoranalyse

Mit der Definition (1) lautet das Modell

$$z_{n\times 1} = A_{n\times m}\, f_{m\times 1} + D_{n\times n}\, u_{n\times 1} \quad . \tag{2}$$

f sei ein Zufallsvektor, verteilt nach $N(0_{m\times 1}, I_{m\times m})$, u ein Zufallsvektor, verteilt nach $N(0_{n\times 1}, I_{n\times n})$ mit $E(fu')=0$, A ist eine $n\times m$-Matrix und D eine $n\times n$-Diagonalmatrix.

Wegen der Normierung (1) ist $E(zz')$ die Korrelationsmatrix (Matrix der Korrelationskoeffizienten) von x, die im Fall der vorliegenden Stichprobe des Umfangs N durch

$$R = ZZ'/(N-1) \tag{3}$$

geschätzt wird. $Z_{n\times N}$ sei die $n\times N$-Matrix der N nach (1) standardisierten Beobachtungen. Entsprechend tritt in der beobachteten Stichprobe die Faktormatrix $F_{m\times N}$ und die Matrix der sog. "Einzelfaktoren" (="spezifische"+Fehlerfaktoren) $U_{n\times N}$ auf. Damit hat man die Darstellung

$$Z = AF + DU \tag{4}$$

A heißt Faktorenmuster. Da in (4) nur Z bekannt ist, ist die Aufspaltung von Z nicht eindeutig. Man nimmt sie so vor, daß $UF' = 0$ gilt. Dies entspricht der Forderung $E(fu') = 0$ in (2).

(3) wird auch

$$Z = M \begin{pmatrix} F \\ \cdots \\ U \end{pmatrix} \tag{4a}$$

geschrieben[1] mit $M_{n\times(m+n)}=(A \vdots D)$.

R aus (3) läßt sich darstellen als

$$ZZ'/(N-1) = M\begin{pmatrix} F \\ \cdots \\ U \end{pmatrix}(F' \vdots U')M'/(N-1) =$$

$$= M \begin{pmatrix} FF' & \vdots & FU' \\ \cdots & & \cdots \\ UF' & \vdots & UU' \end{pmatrix} M'/(N-1) \ . \tag{5}$$

Wenn Modell (2) gilt, läßt sich die Korrelationsmatrix schreiben

$$E(zz') = M\begin{pmatrix} \Phi & \vdots & 0 \\ \cdots & & \cdots \\ 0 & \vdots & I \end{pmatrix}M' = A\Phi A' + DD' \ . \tag{5a}$$

Setzt man die Stichprobenkorrelationsmatrix R ein und fordert unkorrelierte Faktoren, so ist Φ die m×m-Einheitsmatrix, und es ergibt sich

$$R = AA' + DD' \ . \tag{6}$$

In diesem Fall ist außerdem

$$ZF' = AFF' = A, \tag{7}$$

d.h. die Spalten von A geben die Korrelationskoeffizienten zwischen den ursprünglichen Komponenten (Merkmalen) und den Faktoren an, man spricht auch von Faktorladungen.

Gleichung (6) wird Fundamentaltheorem der Faktoranalyse genannt. Sie

---

1) $\begin{pmatrix} F \\ \cdots \\ U \end{pmatrix}$ ist die (m+n)×N-Matrix, die durch Zusammenfügen der Matrizen F und U entsteht.

besagt, daß die Korrelationsmatrix R sich - bis auf die "Einzelfaktoren" - aus AA' aufbauen läßt.

Das Kommunalitäten-Problem

In der Matrix R stehen Einsen, in DD' stehen Zahlen d_j^2 $(j=1,\ldots,n)$ in der Hauptdiagonalen. Die Zahlen $h_j^2 = 1-d_j^2$ heißen Kommunalitäten der j-ten Komponente. Sie geben den Anteil der Varianz der j-ten Komponente an, der durch die den Komponenten gemeinsame Faktorstruktur erfaßt wird. Es gilt

$$h_j^2 = a_j' \, a_j \tag{8}$$

mit a_j' dem m-dimensionalen j-ten Zeilenvektor von A in (6).

Die Werte h_j^2 $(j=1,\ldots,n)$ hängen von m ab. m ist im allgemeinen nicht bekannt. Ebenso sind die h_j^2 nicht bekannt. Gleichung (6) ist nicht eindeutig lösbar. Hieraus resultiert das Kommunalitäten-Problem. Im folgenden seien drei Lösungsversuche angegeben, ohne sie näher zu begründen.

1. $h_j^2 = \max\limits_{k \neq j} (r_{jk})$

2. $h_j^2 = r_{jk} r_{jl} / r_{kl}$, r_{jk}, r_{jl} $(k,l \neq j)$ die größten Korrelationskoeffizienten in der j-ten Zeile von R (9)

3. $h_j^2 = \sum\limits_{k \neq j} r_{jk} / (n-1)$ (10)

Bestimmung der Faktorladungen

Sei R^* die Korrelationsmatrix, deren Diagonalelemente durch $h_1^2,\ldots,h_n^2$ ersetzt sind, so lautet die Aufgabe jetzt, Vektoren a_1, $a_2,\ldots,a_m$ mit $\|a_i\| = 1$ zu finden, so daß AA' $(A=(a_1,a_2,\ldots,a_m))$ etwa gleich R^* wird. Dies führt auf die von der Hauptkomponentenmethode her bekannte Eigenwertaufgabe. Sei a_1 der erste Eigenvektor, der zu dem größten Eigenwert λ_1 von R^* gehört. Die Matrix

$$R_1^* = R^* - a_1 a_1'$$

wird Restkorrelationsmatrix nach "Extraktion" des ersten Faktors genannt, entsprechend sei $R_2^* = R_1^* - a_2a_2'$, usw.

Als Rechenroutine zur Ermittlung der Eigenvektoren einer symmetrischen Matrix $R_{n \times n}$ eignet sich die folgende Methode. Man wählt einen Vektor $a^{(o)}$ mit

$$a^{(o)} = (1, S_2/S_1, \ldots, S_n/S_1)', \text{ wobei } S_j = \sum_k r_{jk} \qquad (11)$$

Ist $a^{(o)}$ ein Eigenvektor a von R, so gilt

$$Ra = \lambda a \qquad (12)$$

und wegen

$$R^2a = RRa = R\,\lambda a = \lambda^2 a$$

$$R^n a = \lambda^n a \quad \text{für jede natürliche Zahl n.}$$

Man bildet $a^{(o)}$ nach (11) für R, sodann $a^{(1)}$ für R^2, usf., ..., $a^{(k)}$ für $R^{(2^k)}$. Für alle k gilt dann: $a_1^{(k)} = 1$. Sobald sich $a^{(i+1)}$ und $a^{(i)}$ nicht mehr wesentlich voneinander unterscheiden, ist $a^{(i+1)} = a$ Eigenvektor von R. Bezeichne r_1' den ersten Zeilenvektor von R, so gilt zunächst: $\lambda a_1^{(i+1)} = \lambda a_1 = r_1'a$. Da $a_1^{(i+1)} = 1$, folgt für den Eigenwert λ

$$\lambda = r_1'\,a\,. \qquad (13)$$

Die skizzierte Methode wird als Hauptfaktoren-Analyse (principal factor analysis) bezeichnet. Meist werden die Kommunalitäten nach der Extraktion des letzten Faktors neu festgesetzt, z.B. aus $I - \Delta$ mit

$$\Delta = \text{diag}\,(R - A_m A_m')\;, \qquad (14)$$

wobei diag (M) eine Matrix sei, die in den Elementen m_{ii} mit M übereinstimmt und deren sonstige Elemente Null sind. Δ ist eine Schätzung von DD' entsprechend Modellgleichung (6). Der ganze Rechenprozeß wird dann mit der Matrix

$$R^{**} = R - \Delta$$

wiederholt, wobei Δ aus (14) gewonnen ist. Man kann dies solange fortsetzen, bis A und Δ sich nicht mehr ändern. Gewöhnlich wird dieses Verfahren konvergieren (es sind aber Beispiele konstruiert worden, in denen sich keine Konvergenz ergibt).

Die Principal factor analysis ist nur eine von vielen Methoden (Überblick etwa bei Harman 1967).

Transformationen des Faktorenmusters (Rotation)

Sei nun A ein Faktorenmuster,welches nach dem Verfahren der Hauptfaktorenanalyse gewonnen wurde. Aufgrund der dort gemachten Voraussetzungen haben wir dann für die zugehörige Faktormatrix F die Gleichung $FF'=I$. Wir wollen nun anhand von A eine möglichst klare Entscheidung treffen, ob ein Merkmal an einem Faktor "teilhat" (von einem Faktor "bestimmt wird") oder nicht: Dazu ist erforderlich, daß die Elemente von A entweder dem Betrage nach groß oder nahe Null sind. Nur solchen Faktoren lassen sich leicht Deutungen unterlegen (Forderung der "Einfachstruktur").

Sei nun T eine lineare Transformation mit $r(T)=m$.Dann ist mit A auch $B=AT$ ein Faktorenmuster mit der Faktormatrix $G=T^{-1}\ F$. Es ist $GG'=(T'T)^{-1}$. $GG'=I$ gilt also nur dann, wenn T orthogonal ist. Die Transformation T ist nun so zu wählen, daß B der Forderung der Einfachstruktur genügt. Wie man dies erreicht, soll anhand eines graphischen und eines algebraischen Verfahrens gezeigt werden.

Bei dem graphischen Verfahren wählt man zur Darstellung die Faktoren als Koordinaten und erhält, etwa bei zwei Faktoren f_1, f_2, den Ort für die Lage der j-ten Komponente z_j von z als den Punkt a_{j1}, a_{j2} (s. Figur 1).

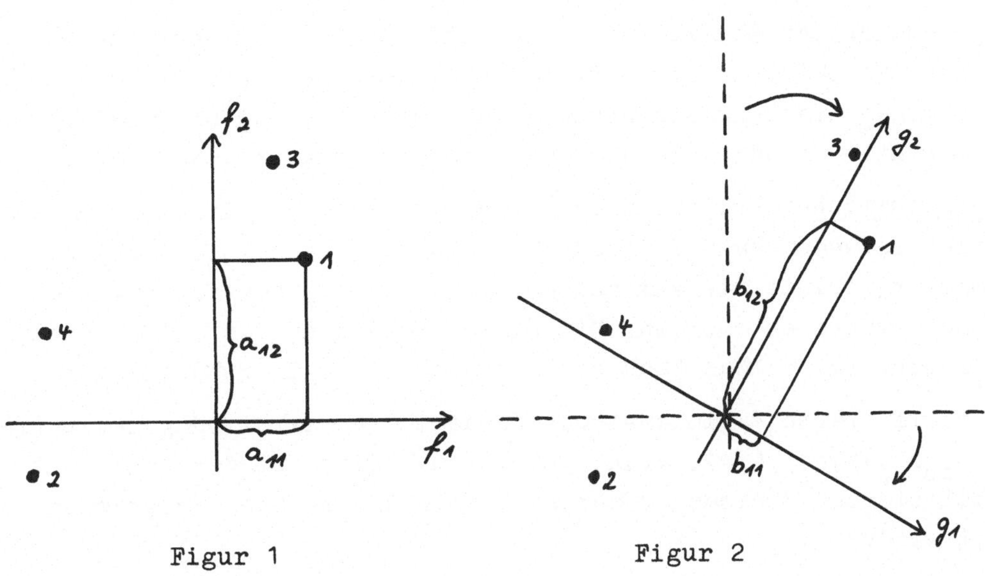

Figur 1

Figur 2

In Figur 2 ist veranschaulicht, wie durch eine Orthogonaltransformation $AT = B$ erreicht werden kann, daß die Koeffizienten von B der Forderung, entweder Null oder dem Betrage nach groß zu sein, näherkommen als diejenigen von A. Wählt man die in Figur 3 gezeigte Transformation T^*, so sind die neuen Faktoren g_1^*, g_2^* nicht mehr orthogonal, die Elemente von $B^* = AT^*$ sind ähnlich denen von B, entweder nahe Null oder groß.

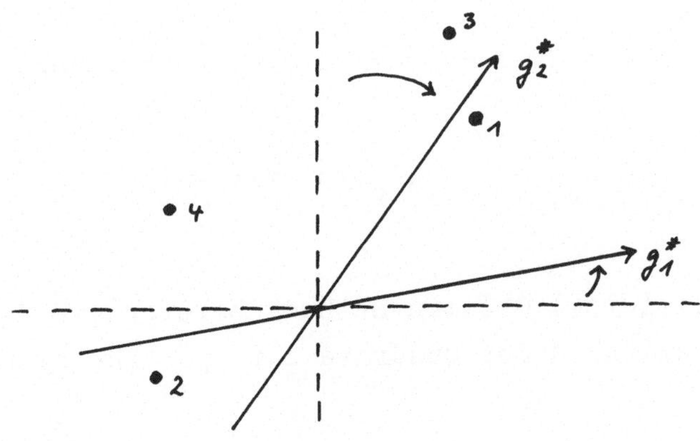

Figur 3

Den geschilderten Rotationsmethoden haftet etwas Subjektives an. Außerdem ist bei mehr als 3 Faktoren schwer die Übersicht zu behalten. Zudem liegen die Merkmalspunkte nicht immer so, daß sich leicht eine Transformation fände, die der sog. Einfachstruktur näherkäme.

Ein algebraisches Kriterium für eine Rotation, die die Elemente der Matrix A entweder nahe Null oder groß werden läßt, ist das sog. Varimax-Kriterium: Die Varianz der Quadrate der Koeffizienten von B=AT soll maximiert werden. Mit einem iterativen Verfahren sucht man eine Lösung für T. Man kann dabei fordern, daß T orthogonal ist.

Eine modifizierte Varimaxmethode fordert die Maximierung der Varianz von $(b_{jp}/h_j)^2=q_{jp}$ $(j=1,\ldots,n,\ p=1,\ldots,m)$. Dies ist das sog. "normalisierte" Varimaxverfahren, das in den meisten Programmen verwendet wird.

$$T'T=I \text{ und } T \text{ so, daß } \sum_{p=1}^{m} \left(\sum_{j=1}^{n} q_{jp}^2 - q_{.p}^2/n\right) \text{ maximal} \quad . \tag{16}$$

Für beliebige[1] T ("schiefwinklige" Transformation) ist die Korrelationsmatrix zwischen den Ausgangsmerkmalen (Komponenten von z) und Faktoren i.a. nicht gleich dem Faktorenmuster B (s. Formel (7))

$$ZG' = BGG' = B(T'T)^{-1} \quad . \tag{17}$$

In diesem Fall wurde statt (16) vorgeschlagen

$$T = (t_1 \vdots t_2 \ldots \vdots t_m) \text{ mit } \|t_p\| = 1,\ p=1,\ldots,m \text{ und so, daß}$$

$$\sum_{p<p'}^{n} \left(\sum_{j=1}^{n} q_{jp} \cdot q_{jp'} - q_{.p}q_{.p'}/n\right) \text{ minimal} \quad . \tag{18}$$

Dieses als (normalisierte) Oblimin-Methode bezeichnete Verfahren sucht also die Kovarianzen der Quadrate der Spaltenelemente von B zu minimieren.

---

1) Es seien nur Matrizen T zugelassen, deren Spaltenvektoren normiert sind. So bleiben die Größenordnungen der Faktorladungen B erhalten.

Erfüllung der Voraussetzungen

Der Anwendung der Faktoranalyse steht oft die Voraussetzung normalverteilter Beobachtungswerte im Wege. Man sucht sich damit zu helfen, daß man statt der gewöhnlichen Korrelationskoeffizienten Rangkorrelationskoeffizienten, etwa Spearman's ϱ oder eine Umrechnung

$$\varrho^* \text{ mit } \varrho^* = 2 \sin(\pi \varrho/6)$$

bzw. - bei Alternativmerkmalen - den sog. Vierfelder-Koeffizienten (tetrachorischen Koeffizienten)

$$r_{tet} = \cos(\pi/(1+\sqrt{ad/bc}))$$

oder den sog. Phikoeffizienten

$$\varphi = (bc-ad)/\sqrt{(a+b)(c+d)(a+c)(b+d)}$$

benützt. Dabei wird die Vierfeldertafel mit den Einträgen der beobachteten Häufigkeiten a,b,c und d,

a	b
c	d

in Fällen, in denen eines der Merkmale nicht alternativ vorliegt, so angelegt, daß die Unterteilung im Stichprobenmedian des nicht alternativ auftretenden Merkmals vorgenommen wird. Die Auswirkungen solcher Operationen auf die Ergebnisse der Faktoranalyse lassen sich schwer übersehen.

Anwendungen der Faktoranalyse

Es gibt zwei vorzugsweise Anwendungen der Faktoranalyse

1. Das Herauslösen von wenigen "Faktoren" aus einer großen Anzahl von "Merkmalen", wobei diesen Faktoren gewisse Bedeutungen, entsprechend den Spaltenvektoren der Matrix B der rotierten Faktorladungen, zugeordnet werden.
2. Die Beschreibung der Beobachtungen mit Hilfe der gefundenen Faktoren (Ersetzen von $Z_{n\times N}$ durch $F_{m\times N}$), die auch "Faktormessung" genannt wird.

Zu 1) Die klassische Anwendung der Faktoranalyse zur Erforschung der Intelligenzstruktur ist heute noch die am häufigsten geübte: Dabei sind die Komponenten des Beobachtungsvektors x Testergebnisse (Merkmale),und die Population wird von den Individuen dargestellt. Außerhalb der psychologischen Forschung ist diese Verwendung der Faktoranalyse ebenfalls die häufigste. Eine aus der psychologischen Forschung stammende Systematik der Anwendungsmöglichkeiten ist die sog. "Typenanalyse". Es ergeben sich bei den drei "Richtungen", nach denen man die meisten experimentellen Daten betrachten kann,

Merkmale
Merkmalsträger
Situationen (Zeitpunkte),

6 Möglichkeiten der Anwendung der Faktoranalyse, die mit O-, P-, Q-, R-, S- und T-Technik bezeichnet werden:

"Technik"	Verwendung als Merkmal	Verwendung als Merkmalsträger
(O)	Merkmale	Situationen
P	Situationen	Merkmale
Q	Merkmalsträger	Merkmale
R	Merkmale	Merkmalsträger
(S)	Merkmalsträger	Situationen
T	Situationen	Merkmalsträger

Die klassische Anwendung heißt also R-Technik. Bildet man die Korrelationskoeffizienten zwischen den Personen für alle Merkmale, so ist das die Q-Technik (die in Konkurrenz zu den Verfahren der automatischen Klassifikation tritt). Die T-Technik wird z.T. als Möglichkeit zur Analyse von Zeitreihen angesehen. Zu den in Klammern gesetzten Techniken sind noch keine Anwendungsbeispiele bekannt.

Oft werden Faktorstrukturen, z.B. eine die Merkmale betreffende Faktorstruktur in einer Population (R-Technik), für verschiedene Situationen gesondert berechnet, und man hofft,die Faktoren jeweils identifizieren und die Veränderungen an deren Ladungen als Effekt der Situationen bezeichnen zu können. Man sollte derartige Verfahren als Methoden zur Datenbeschreibung verstehen, da exakte Testverfahren nicht zur Verfügung stehen.

Zu 2) Das "factor measurement" führt auf die Frage, wie man die Abbildung $z = Bg$ umkehren kann: Man möchte den Anteil der Faktoren in den Beobachtungen $z_1, \ldots z_N$ schätzen. Das Problem hat Ähnlichkeit mit dem Regressionsansatz. Als Faktorwerte kann man

$$g = (B'B)^{-1}B'z$$

verwenden. Auf die besonderen Probleme der Faktormessung kann hier nicht näher eingegangen werden.

Literatur:

Anderson, T. W.: An introduction to multivariate statistics. Wiley, New York 1958.

Cattell, R. B.: Factor analysis. Harper, New York 1952.

Harman , H. H.: Modern factor analysis. The University of Chicago Press, Chicago 2. Aufl. 1967.

Hofstätter, P. und D. Wendt: Quantitative Methoden der Psychologie. J. A. Barth, München 1966.

Lawley, D.N. and A. E. Maxwell: Factor analysis as a statistical method. Butterworth, London 1963.

Seal, H. L.: Multivariate statistical analysis for biologists. Methuen, London 1964.

Thurstone, L. L.: Multiple factor analysis. The University of Chicago Press, Chicago 1947.

Überla, K.: Faktoranalyse. Springer, Berlin 1968.

Automatische Klassifikation

H. H. Bock

I. PROBLEMSTELLUNG

In vielen Bereichen des täglichen Lebens und der wissenschaftlichen Forschung sieht man sich genötigt, eine (i.a. große) Menge von Objekten anhand von Test- und Versuchsergebnissen (auch: Eigenschaften) in eine (i.a. kleine) Anzahl möglichst "homogener" Gruppen (Klassen) aufzuteilen. Man hofft, daß diese Gruppen kennzeichenden Strukturen der Objektmenge entsprechen oder sogar kausal deutbare Zusammenhänge zwischen Eigenschaften und Objekten erkennen lassen.

Wir gehen von folgender Situation aus: Man hat

- eine Menge von N Objekten $O_1,\dots,O_N$
- eine Anzahl p von Merkmalen $M_1,\dots,M_p$ (qualitativer oder quantitativer Art), die für jedes der N Objekte bekannt sind (z.B. durch Messungen, Tests, Befragung etc.)
- Sei x_{ki} das Ergebnis des i. Tests am Objekt k.

Eine übersichtliche Darstellung liefert die folgende Tabelle:

Merkmale / Objekte	M_1	M_2	....	M_p
O_1	x_{11}	x_{12}	....	x_{1p}
.	x_{21}	x_{22}	....	x_{2p}
.	.	.		.
.	.	.		.
.	.	.		.
O_N	x_{N1}	x_{N2}	....	x_{Np}

Die N×p-Matrix der x_{ki} bezeichnen wir als Datenmatrix X.

Wir unterscheiden verschiedene Arten von Gruppierungsproblemen und behandeln zwei der wichtigsten:

<u>Problem A:</u> Die N Objekte sind in eine bekannte Anzahl m von disjunkten, möglichst homogenen Gruppen $A_1,\ldots,A_m$ aufzuteilen (jedes Objekt darf also nur einer Gruppe angehören).

<u>Problem B:</u> Die N Objekte sind in einer Hierarchie von Gruppen (Hauptgruppen, Untergruppen, Unter-untergruppen etc.) zusammenzufassen, wobei die Ähnlichkeit der Objekte innerhalb einer Untergruppe i.a. größer sein soll als in der zugehörigen Hauptgruppe. Die Gruppen sind i.a. nicht disjunkt, ihre Anzahl nicht festgelegt.

II. ÄHNLICHKEITS- und DISTANZMASSE

Die Aufgabe, N Objekte $O_1 \ldots, O_N$ in "homogene" Gruppen zusammenzufassen, impliziert in anschaulicher Weise die Forderung: "Ähnliche" Objekte sollen in gleichen, "verschiedenartige" Objekte aber in verschiedenen Gruppen liegen! Es ergibt sich also die Notwendigkeit, "Ähnlichkeit" oder "Verschiedenheit" der Objekte und Gruppen aus der Datenmatrix $X = (x_{ki})$ abzulesen.

Die "Ähnlichkeit" zweier Objekte O_i, O_j (bezüglich der Testergebnisse) mißt man durch eine reelle Zahl s_{ij} ("similarity"). Speziell gelte für alle i, j: $s_{ij} = s_{ji}$, $0 \leq s_{ij} \leq 1$ (gelegentlich auch $|s_{ij}| \leq 1$), $s_{ii} = 1$. Die NxN-Matrix der s_{ij} werde als "Ähnlichkeitsmatrix der Objekte" bezeichnet.

Die "Verschiedenheit" oder "Unähnlichkeit" zweier Objekte O_i, O_j wird durch eine reelle Zahl d_{ij} gemessen, die als Distanz (Abstand) von O_i und O_j bezeichnet wird und für die gelte: $d_{ij} = d_{ji}$; $d_{ij} \geq 0$; $d_{ii} = 0$ $(i,j = 1,\ldots, N)$. Die NxN-Matrix (d_{ij}) heißt "Distanzmatrix der Objekte".

Es gibt viele konkurrierende Methoden, um aus den Testergebnissen x_{ki} Ähnlichkeitsmaße s_{ij} bzw. Distanzen d_{ij} zu berechnen. Hierfür empfiehlt es sich, zu jedem Objekt O_k den p-dimensionalen Vektor

$$x_k = \begin{pmatrix} x_{k1} \\ \cdot \\ \cdot \\ \cdot \\ \cdot \\ x_{kp} \end{pmatrix}$$

zu bilden, der die k-te Zeile der Datenmatrix X wiedergibt und dessen Komponenten gerade die p Testergebnisse für Objekt O_k sind. Die x_k werden wir gelegentlich auch als Punkte im R^p deuten.

§ 1 Ähnlichkeiten und Distanzen bei quantitativen Merkmalen

Wenn für die Werte der x_{ki} im Prinzip alle reellen Zahlen aus einem (endlichen oder unendlichen) Intervall zugelassen sind, sprechen wir von "quantitativen" Merkmalen und Versuchsergebnissen. Quantitative Merkmale sind z.B. Körpergröße, Gewicht oder Blutdruck; von der durch die Meßgenauigkeit bedingten Diskretisierung (Abrundung auf ganze Maßeinheiten) sehen wir ab.

Folgende Definitionen sind üblich:

1. $$d_{jk} := \| x_k - x_j \| := \sqrt{\sum_{i=1}^{p} (x_{ki} - x_{ji})^2}$$

d.i. der euklidische Abstand der Punkte x_k und x_j, welche die Objekte O_k, O_j repräsentieren. Diese Abstandsdefinition entspricht der geometrischen Anschauung. d_{jk} ist invariant bzgl. aller Parallelverschiebungen und bezüglich aller orthogonalen linearen Transformationen (Drehungen, Spiegelungen) der x_i; d_{jk} ändert sich jedoch, wenn die Einheiten zur Messung der Merkmale geändert werden.

2. Sei $\tilde{\Sigma} = (\tilde{\sigma}_{ij})$ die empirische p×p-Kovarianzmatrix der <u>Merkmale</u>, also

$$\bar{x}_{.i} := \frac{1}{N} \sum_{k=1}^{N} x_{ki}$$ (Mittelwert des i-ten Merkmals) $i = 1,\ldots,p$

$$\tilde{\sigma}_{ij} := \frac{1}{N} \sum_{k=1}^{N} (x_{ki} - \bar{x}_{.i})(x_{kj} - \bar{x}_{.j})$$ (Kovarianz der Merkmale i u.j) $i,j = 1,\ldots,p$

und $\tilde{\Sigma}^{-1} = (\tilde{\sigma}^{ij})$ die Inverse dieser Matrix. Dann heißt

$$d^2_{jk} := (x_j - x_k)' \, \tilde{\Sigma}^{-1} (x_j - x_k) = \sum_{r=1}^{p} \sum_{t=1}^{p} \tilde{\sigma}^{rt} (x_{jr} - x_{kr})(x_{jt} - x_{kt})$$

die "<u>Mahalanobis-Distanz von O_j und O_k</u>". d_{jk} ist invariant bzgl. aller linearen nicht singulären Transformationen der x_i, insbesondere bei Änderung der Einheiten, mit denen die Merkmale gemessen werden ("Skaleninvarianz").

3. Sei $\Sigma = (\sigma_{kl})$ die empirische NxN-Kovarianzmatrix der <u>Objekte</u>, also

$$\bar{x}_{k.} := \frac{1}{p} \sum_{i=1}^{p} x_{ki}$$ (Mittelwert der Ergebnisse für Objekt O_k)

$$\sigma_{kl} := \frac{1}{p} \sum_{i=1}^{p} (x_{ki} - \bar{x}_{k.}) \cdot (x_{li} - \bar{x}_{l.}) = \frac{1}{p} x_k' x_l - \bar{x}_{k.} \cdot \bar{x}_{l.}$$

$(k,l = 1,\ldots,N)$.

<u>Bemerkung:</u> σ_{ij} darf nicht mit der (ohnehin unbekannten) theoretischen Kovarianz der Merkmale i und j verwechselt werden!

Dann kann man für $p > 2$ als Ähnlichkeitsmaß

$$s_{kl} := r_{kl} := \frac{\sigma_{kl}}{\sqrt{\sigma_{kk} \cdot \sigma_{ll}}} ,$$

den (empirischen) <u>Korrelationskoeffizienten von x_k und x_l</u>, wählen (mit $-1 \leq s_{kl} \leq 1$).

§ 2 Ähnlichkeit bei qualitativen, binären Merkmalen

Wenn für die Werte der x_{ki} nur die Zahlen 0 und 1 erlaubt sind, sprechen wir von p qualitativen, binären Merkmalen bzw. Versuchsergebnissen ("dichotome" Antworten); wir interpretieren $x_{ki} = 1$ (bzw. $x_{ki} = 0$) gelegentlich als "i. Merkmal bei O_k vorhanden" (bzw. "nicht vorhanden"). Die Ähnlichkeit von Objekten O_j, O_k drückt sich hier wesentlich in der Übereinstimmung bzw. Nichtübereinstimmung ihrer Komponenten aus; diese lassen sich aus einer 2x2-Kontingenztafel ablesen:

O_j \ O_k	0	1	
0	a_{jk}	b_{jk}	$a_{jk}+b_{jk}$
1	c_{jk}	d_{jk}	$c_{jk}+d_{jk}$
	$a_{jk}+c_{jk}$	$b_{jk}+d_{jk}$	p

(c_{jk} ist z.B. die Anzahl der Komponenten, an denen x_j eine 1 und x_k eine 0 besitzt).

Übliche Ähnlichkeitsdefinitionen sind:

1. <u>Der M-Koeffizient</u> ("per cent matching M")

$$s_{jk} := \frac{1}{p} \cdot \left\{ \begin{array}{l} \text{Anzahl der übereinstimmen-} \\ \text{den Komponenten in } x_j \text{ und} \\ x_k \end{array} \right\} = \frac{a_{jk}+d_{jk}}{p} = 1 - \frac{\|x_j - x_k\|^2}{p}$$

2. Der S-Koeffizient ("per cent similarity S")

$$s_{jk} := \frac{\text{Anzahl der Komponenten, die bei } x_j \text{ und } x_k \text{ Eins sind}}{\text{Anzahl der Komponenten, die bei } x_j \text{ oder } x_k \text{ Eins sind}} = \frac{d_{jk}}{p-a_{jk}}$$

Bei dieser Festlegung werden 0 und 1 (nein und ja etc.) unsymmetrisch behandelt (im Unterschied zu 1.)

3. Als Ähnlichkeitsmaß ist auch im binären Fall der Korrelationskoeffizient zwischen x_k und x_j geeignet; die zugehörige Formel aus § 1.3 läßt sich hier wie folgt ergänzen:

$$s_{jk} := r_{jk} := \frac{\sigma_{jk}}{\sqrt{\sigma_{jj}\sigma_{kk}}} = \frac{a_{jk}\,d_{jk} - b_{jk}\,c_{jk}}{\sqrt{(a_{jk}+c_{jk})(b_{jk}+d_{jk})(a_{jk}+b_{jk})(c_{jk}+d_{jk})}}$$

Der letzte Ausdruck zeigt, daß $p \cdot r^2_{jk}$ die χ^2-Größe ist, die zum Test auf Unabhängigkeit in der 2×2-Kontingenztafel verwendet wird.

§ 3 Transformation von Distanzmaßen in Ähnlichkeitsmaße und umgekehrt

Hat man für N Objekte $O_1,\dots,O_N$ die Ähnlichkeitsmatrix (s_{ij}) berechnet, will aber ein Gruppierungsverfahren anwenden, das mit Distanzen operiert, dann muß man aus den s_{ij} geeignete Distanzen d_{ij} berechnen (entsprechend für die umgekehrte Fragestellung).
Da plausiblerweise zwei Objekte umso kleineren Abstand haben sollen, je größer ihre Ähnlichkeit ist, empfehlen sich die folgenden Transformationsformeln:

a) $d_{jk} := 1 - s_{jk}$ (falls $|s_{jk}| \leq 1$ für alle j,k)

b) $d_{jk} := \sqrt{1-s_{jk}}$ (falls $|s_{jk}| \leq 1$ für alle j,k)

bzw. die Umkehrung

$s_{jk} := 1 - d^2_{jk}$ (falls $|d_{jk}| \leq 1$ für alle j,k)

c) $s_{jk} := \dfrac{E-d^2_{jk}}{E+d^2_{jk}}$ (dann ist $|s_{jk}| \leq 1$)

wobei die Konstante E ein mittlerer Abstand aller N Objekte ist (Cattell u.a., 1966).

d) $d_{jk} := -\log s_{jk}$ (falls $s_{jk} \geq 0$ für alle j,k)

bzw. die Umkehrung

$s_{jk} := e^{-d_{jk}}$

§ 4 Distanzen bzw. Ähnlichkeiten zwischen Gruppen von Objekten

Es seien A_i, A_j zwei disjunkte Mengen von Objekten, die man auf irgendeine Weise erhalten habe. Wir messen die Ähnlichkeit zwischen A_i und A_j durch eine Zahl $S_{A_iA_j}$ mit

$$S_{A_iA_j} = S_{A_jA_i} \quad .$$

Entsprechend wird die Unähnlichkeit bzw. Distanz zwischen A_i und A_j durch eine Zahl $D_{A_iA_j}$ mit

$$D_{A_iA_j} = D_{A_jA_i} \geq 0$$

angegeben.

1. Zu den Objekten $O_1,\dots,O_N$ seien die Vektoren $x_1,\dots,x_N$ der Versuchsergebnisse bekannt. Ist $\bar{x}_{A_i}$ der Schwerpunkt (Mittelpunkt) der x_k aus A_i und n_i deren Anzahl, also

$$\bar{x}_{A_i} := \frac{1}{n_i} \sum_{O_l \in A_i} x_l = \begin{pmatrix} \frac{1}{n_i} \Sigma x_{1l} \\ \frac{1}{n_i} \Sigma x_{2l} \\ \vdots \\ \frac{1}{n_i} \Sigma x_{pl} \end{pmatrix}$$

(entsprechend $\bar{x}_{A_j}$), so definiert man:

$$D^2_{A_iA_j} := \left\| \bar{x}_{A_i} - \bar{x}_{A_j} \right\|^2$$

2. $$D^2_{A_iA_j} := \frac{n_i n_j}{n_i+n_j} \cdot \left\| \bar{x}_{A_i} - \bar{x}_{A_j} \right\|^2$$

$$= n_i \cdot \left\| \bar{x}_{A_i} - \bar{x}_A \right\|^2 + n_j \cdot \left\| \bar{x}_{A_j} - \bar{x}_A \right\|^2 ,$$

wo $A = A_i \cup A_j$ und n_i (n_j) die Anzahl der Objekte in A_i (A_j) ist.

3. Sei $\tilde{\Sigma} = (\tilde{\sigma}_{ij})$ die pxp-Kovarianzmatrix der Merkmale und $\tilde{\Sigma}^{-1} = (\tilde{\sigma}^{ij})$ ihre Inverse. Man nennt

$$D^2_{A_iA_j} := (\bar{x}_{A_i} - \bar{x}_{A_j})' \, \Sigma^{-1} \, (\bar{x}_{A_i} - \bar{x}_{A_j})$$

den "verallgemeinerten Mahalanobis-Abstand der Gruppen A_i und A_j".

4. Zu den Objekten $O_1,\ldots,O_N$ sei die Ähnlichkeitsmatrix (s_{kl}) bekannt. Dann definiert man:

$$S_{A_iA_j} := \frac{1}{n_i n_j} \cdot \sum_{O_k \in A_i} \sum_{O_l \in A_j} s_{kl} \qquad (i \neq j)$$

(d.i. der Mittelwert der Ähnlichkeiten aller möglichen Objektpaare O_l, O_k mit $O_k \in A_i$, $O_l \in A_j$). Für i = j ergibt dies ein Maß für die Kompaktheit der Gruppe A_i.

5. Zu den Objekten $O_1,\ldots,O_N$ sei die Distanzmatrix (d_{kl}) gegeben.

$$D_{A_iA_j} := \underset{\substack{O_k \in A_i \\ O_l \in A_j}}{\mathrm{Min}} \{d_{kl}\}$$

d.h. der minimale Abstand von Objektpaaren O_k, O_l, wobei O_k aus A_i und O_l aus A_j sei.

III. VERFAHREN ZUR LÖSUNG VON PROBLEM A (m disjunkte Gruppen)

Vorgegeben sind N Objekte und p Merkmale, die durch eine Datenmatrix $X = (x_{ki})$ verbunden sind. Gesucht ist eine Einteilung der N Objekte (äquivalent: der Vektoren $x_1,\ldots x_N$) in m homogene Gruppen $A_1,\ldots A_m$, wobei m fest vorgegeben ist; wir schreiben zur Abkürzung $\mathfrak{A} = (A_1,\ldots,A_m)$.

§ 1. Optimale Gruppierung der Objekte in m Klassen

Sei $\mathfrak{A}$ eine beliebige Einteilung der N Objekte $O_1,\ldots O_N$ in m Klassen $A_1,\ldots,A_m$. Wir interessieren uns dafür, wie gut diese Gruppierung den beobachteten Versuchsergebnissen angepaßt ist und messen die "Güte der Gruppierung $\mathfrak{A}$" durch eine reelle Zahl $g(\mathfrak{A})$. Natürlich ist es dann unser Ziel, die Güte $g(\mathfrak{A})$ durch geeignete Wahl von $\mathfrak{A}$ zu maximieren. Die entsprechende Gruppierung nennen wir "optimal" (bezügl. g ! ; sie braucht nicht eindeutig zu sein.).

1. Als Kriterium für die Güte einer Einteilung $\mathfrak{A}$ kann man den Grad der Inhomogenität ansehen, der zwischen den Gruppen $A_1,\ldots A_m$ besteht und die Varianz der x_k zwischen den Klassen als Maß dafür wählen. Hieraus resultiert die Forderung:

$$g(\mathfrak{A}) := \sum_{i=1}^{m} n_i \cdot \| \bar{x}_{A_i} - \bar{x} \|^2 = \frac{1}{2N} \sum_{i=1}^{m} \sum_{\substack{j=1 \\ i \neq j}}^{m} n_i n_j \cdot \| \bar{x}_{A_i} - \bar{x}_{A_j} \|^2 \overset{!}{\longrightarrow} \underset{\mathfrak{A}}{\mathrm{Max}} \quad (1)$$

wobei n_i die Anzahl und $\bar{x}_{A_i}$ der Schwerpunkt de[illegible] [illegible]toren x_k in A_i ist; $\bar{x}$ sei der Schwerpunkt aller N Vektoren $x_1,\ldots x_N$.

2. Eine Einteilung $\mathfrak{A}$ sei definitionsgemäß umso besser, je "kompakter" die gebildeten Gruppen $A_1,\ldots A_m$ sind. Man wählt als Kompaktheitsmaß die Streuung in den Klassen und erhält die Optimalitätsforderung:

$$k(\mathfrak{A}) := \sum_{i=1}^{m} \sum_{O_k \in A_i} \| x_k - \bar{x}_{A_i} \|^2$$

$$= \frac{1}{2} \cdot \sum_{i=1}^{m} \frac{1}{n_i} \cdot \sum_{O_k \in A_i} \sum_{O_l \in A_i} \| x_k - x_l \|^2 \overset{!}{\longrightarrow} \underset{\mathfrak{A}}{\mathrm{Min}} \quad (2)$$

Bemerkungen:

a) Die aus der Varianzanalyse bekannte Formel

$$\sum_{k=1}^{N} \| x_k - \bar{x}\|^2 = \sum_{i=1}^{m} n_i \| \bar{x}_{A_i} - \bar{x}\|^2 + \sum_{i=1}^{m} \sum_{O_k \in A_i} \| x_k - \bar{x}_{A_i} \|^2$$

zeigt, daß die Optimalitätsforderungen (1) und (2) äquivalent sind.

b) Für die optimale Gruppierung $\mathfrak{A} = (A_1, \ldots A_m)$ gilt:

1. Für alle Punkte x_k aus A_i ist der Abstand $\| x_k - \bar{x}_{A_i} \|$ vom Gruppenmittelpunkt $\bar{x}_{A_i}$ kleiner als der Abstand $\| x_k - \bar{x}_{A_j} \|$ zu jedem anderen Gruppenmittelpunkt $\bar{x}_{A_j}$ ("Minimaldistanz-Regel").

2. Zwei Gruppen A_i, A_j werden durch die Ebene

$$\left(x - \frac{\bar{x}_{A_i} + \bar{x}_{A_j}}{2}\right)'(\bar{x}_{A_i} - \bar{x}_{A_j}) = 0 \qquad \text{(x=variabler Punkt des } R^p\text{)}$$

getrennt, die senkrecht auf der Verbindungsstrecke von $\bar{x}_{A_i}$, $\bar{x}_{A_j}$ steht und diese halbiert.

3. Die "konvexen Hüllen $\bar{A}_i$" der Punkte aus A_i $(i=1,\ldots,m)$ sind disjunkt.

Literatur: Edwards u. Cavalli-Sforza (1965), Gower (1967), Friedmann u. Rubin (1967); bez. entscheidungstheoretischer Modelle, die auf die Optimalitätsforderungen (1) bzw. (2) führen, vgl. man Bock (1970)

3. Zusätzlich zur Kovarianzmatrix $\tilde{\Sigma}$ der Merkmale definiert man für jede Einteilung $\mathfrak{A}$:

$$W_i(\mathfrak{A}) := \sum_{O_k \in A_i} (x_k - \bar{x}_{A_i})(x_k - \bar{x}_{A_i})'$$ Kovarianzmatrix der <u>Merkmale</u> innerhalb A_i

$$W(\mathfrak{A}) := \sum_{i=1}^{m} W_i(\mathfrak{A})$$ Kovarianzmatrix der <u>Merkmale</u> innerhalb <u>aller</u> Gruppen

$$B(\mathfrak{A}) := \sum_{i=1}^{m} n_i(\bar{x}_{A_i} - \bar{x})(\bar{x}_{A_i} - \bar{x})'$$ Kovarianzmatrix der Merkmale zwischen den Gruppen

so daß $\tilde{\Sigma} = (W(\mathfrak{A}) + B(\mathfrak{A}))/N$ **für alle** Einteilungen $\mathfrak{A}$ gilt. (Die Matrix $\tilde{\Sigma}$ ist fest!)

Es ist $|\tilde{\Sigma}|/|W(\mathfrak{A})|$ ein Maß für die Verschiedenheit der Gruppenmittel, so daß man fordert:

$$g(\mathfrak{A}) := \frac{|\tilde{\Sigma}|}{|W(\mathfrak{A})|} \xrightarrow{!} \underset{\mathfrak{A}}{\text{Max}} \quad (\text{oder äquiv.: } k(\mathfrak{A}) := |W(\mathfrak{A})| \to \underset{\mathfrak{A}}{\text{Min}}) \tag{3}$$

$|W(\mathfrak{A})|$ ist als "verallgemeinerte Varianz in den Klassen" deutbar (Friedmann u. Rubin (1967)).

4. Ersetzt man in (1) den euklidischen Abstand durch den verallgemeinerten Mahalanobis-Abstand (mit W statt mit $\tilde{\Sigma}$; vgl. II. §4,3), so ergibt sich die Forderung:

$$g(\mathfrak{A}) := tr(W^{-1}B) = \sum_{i=1}^{m} n_i \cdot (\bar{x}_{A_i} - \bar{x})' W^{-1} (\bar{x}_{A_i} - \bar{x}) \tag{4}$$

$$= \frac{1}{2} \sum_{i=1}^{m} \sum_{j=1}^{m} \frac{n_i \cdot n_j}{N} (\bar{x}_{A_i} - \bar{x}_{A_j})' W^{-1} (\bar{x}_{A_i} - \bar{x}_{A_j}) \xrightarrow{!} \underset{\mathfrak{A}}{\text{Max}}$$

Im Fall p=1 besagt (4) daß

$$g(\mathfrak{A}) := \frac{\sum_{i=1}^{m} n_i \cdot (\bar{x}_{A_i} - \bar{x})^2}{\sum_{i=1}^{m} \sum_{O_k \in A_i} (x_k - \bar{x}_{A_i})^2} \xrightarrow{!} \underset{\mathfrak{A}}{\text{Max}}$$

gelten soll, daß also das Verhältnis der Varianzen zwischen und innerhalb der Gruppen maximiert werden soll.

Weitere Optimalitätskriterien erhält man, indem man in (1) oder (2) andere Distanzmaße d_{kl} bzw. $D_{A_i A_j}$ verwendet (z.B. bei qualitativen Merkmalen), doch vergrößert sich dabei i.a. die Schwierigkeit der numerischen Behandlung.

§ 2. Praktische Verfahren zur Bestimmung optimaler Gruppierungen: Allgemeines

Zu keinem der genannten Optimalitätskriterien gibt es ein allgemeines Verfahren mit zumutbarem Rechenaufwand, das eine optimale Gruppierung der Objekte in m Klassen exakt bestimmt. Zur numerischen Behandlung kennt man folgende Typen von Verfahren:

a) Man berechnet die Güte $g(\mathfrak{A})$ (oder auch $k(\mathfrak{A})$) für alle möglichen Gruppierungen $\mathfrak{A}$ der N Objekte und wählt dann das optimale $\mathfrak{A}$ aus.
Die folgende Tabelle gibt die Anzahl von Gruppierungsmöglichkeiten an und zeigt, daß es bei den meisten interessierenden Werten von N und m zeitlich auch bei Benutzung großer Rechenanlagen unmöglich ist, alle Gruppierungen $\mathfrak{A}$ miteinander zu vergleichen.

N \ m	2	3	4	5
5	15	25	10	1
10	511	9.330	34.105	42.525
20	524.287	580.606.446	45.232.115.901	749.206.090.500
50	$\sim 10^{15}$	$\sim 10^{23}$	$\sim 10^{29}$	$\sim 10^{33}$
100	$\sim 10^{30}$	$\sim 10^{47}$	$\sim 10^{59}$	$\sim 10^{68}$

b) Man wählt in zufälliger Weise eine (nicht zu große) Menge von Gruppierungen aus und sucht innerhalb dieser Menge das beste $\mathfrak{A}$. Man hofft, daß sich die so gefundene Gruppierung und die wahre optimale Gruppierung hinsichtlich der Güte wenig unterscheiden.

c) Man gibt sich eine Ausgangsklassifikation $\mathfrak{A}^o$ vor und stellt sukzessive und in systematischer Weise die Elemente der Gruppen derart um, daß die Güte der neu entstehenden Gruppierungen immer größer wird; dies geschehe solange, bis auf diesem Weg keine weitere Verbesserung mehr möglich ist. Man erhält so eine Reihe $\mathfrak{A}^o, \mathfrak{A}^1, \mathfrak{A}^2, \ldots, \mathfrak{A}^n$ von immer besseren Gruppierungen; $\mathfrak{A}^n$ betrachtet man als Approximation an die optimale Einteilung: "suboptimale Lösung". ($\mathfrak{A}^n$ ist zwar besser als alle anderen $\mathfrak{A}^i$, braucht aber i.a. nicht die optimale Einteilung zu sein: "lokales Maximum", kein "absolutes Maximum"!)

d) Man verwendet eine der später beschriebenen Methoden zur Konstruktion einer Hierarchie von Gruppen, sucht sich jene Stufe der Hierarchie aus, auf der genau m Gruppen vorhanden sind, und betrachtet die resultierende Gruppierung als Approximation der optimalen.

I.a. wird man keine der oben aufgeführten vier Methoden in reiner

Form anwenden, sondern eine Kombination vorziehen; etwa: Einige nach b. (oder auch d.) gefundene Gruppierungen verbessert man nach c. und wählt aus der Menge der entstehenden suboptimalen Lösungen die beste aus.

§ 3 Iteratives Verfahren zur Approximation der Gruppierung mit minimaler Streuung in den Klassen (äquivalent: maximaler Streuung zwischen den Klassen) bei vorgegebener Klassenanzahl m ($p \geq 1$)

Gesucht ist eine Gruppierung $\mathfrak{A}$ der N Objekte in m Klassen $A_1, \dots A_m$ derart, daß das Optimalitätskriterium (1) bzw. (2) erfüllt ist:

$$k(\mathfrak{A}) := \sum_{i=1}^{m} \sum_{O_k \in A_i} \| x_k - \bar{x}_{A_i} \|^2 \xrightarrow{!} \underset{\mathfrak{A}}{\mathrm{Min}} \qquad \text{bzw.}$$

$$g(\mathfrak{A}) := \sum_{i=1}^{m} n_i \cdot \| \bar{x}_{A_i} - \bar{x} \|^2 \xrightarrow{!} \underset{\mathfrak{A}}{\mathrm{Max}}$$

In Ermangelung eines besseren Verfahren wird die optimale Gruppierung mittels sukzessiver Verbesserung einer Ausgangsklassifikation $\mathfrak{A}^0 = (A_1^0, \dots, A_m^0)$ approximiert: $\mathfrak{A}^0, \mathfrak{A}^1, \dots, \mathfrak{A}^n$.

1. Schritt: Man bilde die Schwerpunkte $\bar{x}_{A_i^0}$ der m Klassen $A_1^0, \dots, A_m^0$

2. Schritt: Man bilde eine neue Gruppierung $\mathfrak{A}^1 = (A_1^1, \dots, A_m^1)$ dadurch, daß man in A_i^1 alle jene x_k zusammenfaßt, die von $\bar{x}_{A_i^0}$ den kleinsten Abstand haben:

$$x_k \in A_i^1 \Longleftrightarrow \| x_k - \bar{x}_{A_i^0} \|^2 = \underset{j=1,\dots,m}{\mathrm{Min}} \| x_k - \bar{x}_{A_j^0} \|^2$$

Es gilt dann:

$$g(\mathfrak{A}^1) \geq g(\mathfrak{A}^0) \text{ und } k(\mathfrak{A}^1) \leq k(\mathfrak{A}^0).$$

Iteration: Die Schritte 1 und 2 wiederholt man mit $\mathfrak{A}^1$ (statt $\mathfrak{A}^0$), $\mathfrak{A}^2, \mathfrak{A}^3 \dots$ etc. und fahre solange fort, bis sich (etwa bei der n. Iteration) die Gruppierung nicht mehr ändert (oder $g(\mathfrak{A})$ nicht mehr größer wird).

Die "suboptimale" Gruppierung $\mathfrak{A}^n$ wird als Approximation der optimalen Gruppierung angesehen.

IV. VERFAHREN ZUR LÖSUNG VON PROBLEM B (Gruppenhierarchie)

Bei taxonometrischen oder bakteriologischen Untersuchungen will man oft weniger die Existenz einzelner disjunkter Gruppen nachweisen, sondern sucht eine Darstellung verschiedener Pflanzen- oder Bakterienarten in Form eines ganzen Stammbaums. Wir sprechen dann von einer Hierarchie von Gruppen und können eine solche graphisch folgendermaßen darstellen (N = 8 Objekte):

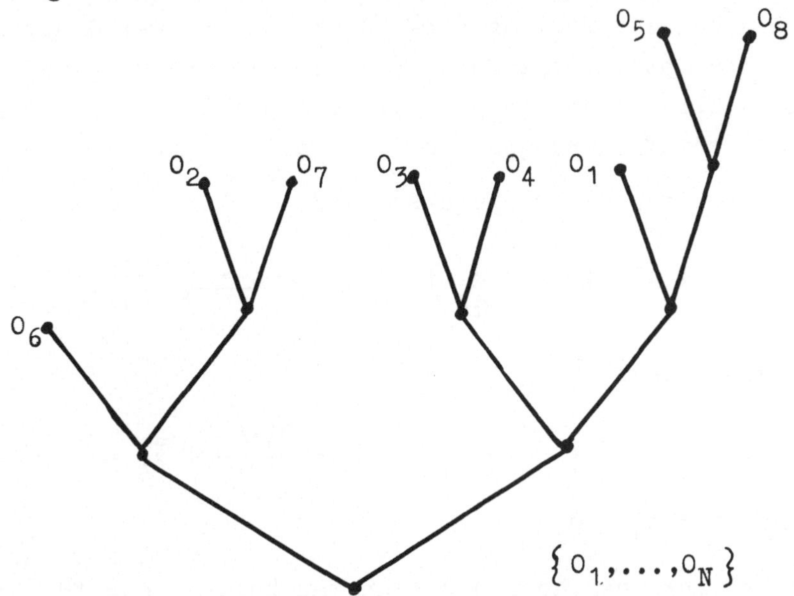

Im wesentlichen kennt man drei Typen von Verfahren, um unter Verwendung des Distanz- bzw. Ähnlichkeitsbegriffs eine Hierarchie von Gruppen zu konstruieren:

1. Divisive Verfahren (§ 1)
2. Agglomerative Verfahren (§ 2)
3. Verfahren mit Variation eines Parameters (Kap. V).

§ 1. Divisive Verfahren

Vorgegeben seien die N Objekte $O_1,\ldots,O_N$ mit den zugehörigen Vektoren $x_1,.,x_N \in R^p$. Durch folgendes "divisive " Verfahren kann eine Hierarchie von Gruppen der Objekte (äquivalent: der Vektoren) erzeugt werden:

Anfangssituation: Alle Objekte sind in der einzigen Gruppe $\{O_1,..O_N\}$.

Teilungsschritt: Jede der vorhandenen Gruppen wird (falls sie mehr als ein Objekt enthält) optimal in zwei neue disjunkte Untergruppen aufgespalten, die möglichst "homogen" und möglichst "scharf voneinander getrennt" sein sollen.

Iteration: Genauso werden die Untergruppen aufgespalten etc. ..., bis man schließlich N Gruppen mit je einem Objekt erhält.

Die verschiedenen divisiven Verfahren unterscheiden sich darin, daß die bei der Teilung einer Gruppe A in zwei Gruppen A_1,A_2 gestellte Optimalitätsforderung jeweils anders gewählt wird; grundsätzlich kann man hierfür jede der in III § 1 vorgeführten Optimalitätsforderungen (für den Fall von m=2 Gruppen) verwenden.

(1) Man teilt jede Gruppe A so, daß:

$$\sum_{O_i \in A_1} \| x_i - \bar{x}_{A_1} \|^2 + \sum_{O_i \in A_2} \| x_i - \bar{x}_{A_2} \|^2 \xrightarrow{!} \underset{A_1,A_2}{\text{Min}} \tag{1}$$

bzw. äquivalent

$$n_1 \cdot \| \bar{x}_{A_1} - \bar{x}_A \|^2 + n_2 \cdot \| \bar{x}_{A_2} - \bar{x}_A \|^2 = \frac{n_1 \cdot n_2}{n} \| \bar{x}_{A_1} - \bar{x}_{A_2} \|^2 \xrightarrow{!} \underset{A_1,A_2}{\text{Max}} \tag{2}$$

mit $n = n_1 + n_2$

Mittels einfacher Rechnung kann man zeigen, daß für die optimale Einteilung von A in zwei Klassen A_1,A_2 gilt (vgl. Gower (1967)):

Die Vektoren x_i aus A_1 liegen in einer Kugel mit Mittelpunkt

$$m_1 := \bar{x} - \frac{n_1 \cdot n_2}{n} \cdot (\bar{x}_{A_2} - \bar{x}_{A_1})$$

und Radius r_1, wobei

$$r_1^2 := \frac{n_1 n_2 (n_1-1)(n_2+1)}{n^2} \| \bar{x}_{A_2} - \bar{x}_{A_1} \|^2 \quad .$$

Entsprechend für A_2 :

$$m_2 := \bar{x} + \frac{n_1 \cdot n_2}{n} (\bar{x}_{A_2} - \bar{x}_{A_1})$$

$$r_2^2 := \frac{n_1 n_2 (n_1+1)(n_2-1)}{n^2} \| \bar{x}_{A_2} - \bar{x}_{A_1} \|^2 \quad .$$

Im übrigen besitzen A_1,A_2 die in III. § 1.2, Bem. b aufgeführten Eigenschaften; insbesondere gilt die Minimaldistanzregel.

Praktisches Verfahren zur optimalen Aufteilung einer Gruppe A in zwei Gruppen A_1, A_2

Da keine Methode zur **exakten** Bestimmung der optimalen Aufteilung bekannt ist, versucht man, letztere wenigstens zu approximieren.

Methode a (Gower (1967)):

- Aus den in A liegenden Vektoren nehme man die beiden mit größtem Abstand heraus, etwa x und y, und setze vorerst $A_1 = \{x\}$, $A_2 = \{y\}$.
- Aus der Menge $A-A_1-A_2$ suche man die Vektoren $\tilde{x}, \tilde{y}$, die von $\bar{x}_{A_1}$ bzw. $\bar{x}_{A_2}$ den kleinsten Abstand haben.

  Falls $\|\tilde{x}-\bar{x}_{A_1}\| < \|\tilde{y} - \bar{x}_{A_2}\|$, so vereinige man $\tilde{x}$ und das alte A_1 zu einer neuen Gruppe A_1, die ein Element mehr enthält (A_2 bleibt gleich).

  Falls $\|\tilde{x}-\bar{x}_{A_1}\| \geq \|\tilde{y} - \bar{x}_{A_2}\|$, so nehme man entsprechend $\tilde{y}$ zu A_2 hinzu (A_1 bleibt gleich).
- Die beiden letzten Schritte iteriert man, bis alle n Punkte aufgeteilt sind.

Methode b:

Man geht von einer Anfangsklassifikation aus und wendet anschließend den in III. § 3 dargestellten Iterationsprozeß für m = 2 Klassen an. Insbesondere kann man auf diese Weise die gemäß a gefundene approximative Lösung weiter verbessern.

(2') Die Forderung möglichst großer Inhomogenität zwischen A_1 und A_2 legt als Modifikation von (2) die alternative Optimalitätsforderung nahe:

$$\| \bar{x}_{A_1} - \bar{x}_{A_2}\|^2 \xrightarrow{!} \underset{A_1,A_2}{\mathrm{Max}}$$

Für eine diesbezügliche optimale Einteilung gilt:

a. Die Vektoren x_i aus A_1 liegen in einer Kugel mit Mittelpunkt m_1 und Radius

$$\varrho_1 := \frac{(n_1-1)(n_2+1)}{n} \| \bar{x}_{A_1} - \bar{x}_{A_2}\| ,$$

entsprechend die x_i aus A_2 in einer Kugel mit Mittelpunkt m_2 und Radius

$$\varrho_2 := \frac{(n_1+1)(n_2-1)}{n} \, \| \bar{x}_{A_1} - \bar{x}_{A_2} \| .$$

b. Beide Kugeln sind disjunkt und werden z.B. durch die Ebene

$$(x - \bar{x})'(\bar{x}_{A_2} - \bar{x}_{A_1}) = 0$$

getrennt, die senkrecht auf der Verbindungsstrecke von $\bar{x}_{A_1}$ und $\bar{x}_{A_2}$ steht und diese im Punkt $\bar{x}$ schneidet.

c. Die Minimaldistanzregel gilt im allgemeinen nicht.

Für die numerische Behandlung wird auch hier die in 1. dargestellte Methode a. empfohlen; einige Verbesserungen sind dabei möglich, werden hier jedoch nicht dargestellt.

§ 2 Agglomerative Methoden

Vorgegeben seien die N Objekte $O_1,\ldots,O_N$, repräsentiert durch die Punkte $x_1,\ldots,x_N$ des R^p. (Gelegentlich genügt die Vorgabe einer Ähnlichkeitsmatrix (s_{ij}) oder einer Distanzmatrix (d_{ij}).)

Gesucht ist eine Aufteilung der N Objekte in einer Hierarchie von Gruppen A_1, $A_2,\ldots$ (die graphisch durch ein Dendrogramm dargestellt werden kann; vgl. § 3).

Die sog. "agglomerativen" Verfahren zur Lösung dieses Problems benutzen das folgende Konstruktionsprinzip:

Anfangssituation: Jedes der N Objekte (der N Punkte) bilde eine Gruppe für sich (also m=N Gruppen).

Agglomerationsschritt: Unter den bereits vorhandenen m Gruppen wählt man zwei Gruppen aus (etwa A_r und A_s), die sich am "ähnlichsten" sind, für die also die Ähnlichkeit $S_{A_r A_s}$ maximal (oder die Distanz $D_{A_r A_s}$ minimal) ist bezüglich aller solchen Gruppenpaare; A_r und A_s werden zu einer neuen Gruppe vereinigt.

Iteration: Die Agglomeration wird sukzessive wiederholt, bis alle Objekte in $\{O_1,\ldots O_N\}$ vereinigt sind.

Die verschiedenen agglomerativen Verfahren unterscheiden sich i.a. nur durch die Definition von "Ähnlichkeit" bzw. "Distanz" zwischen zwei Gruppen A_r, A_s. Grundsätzlich kann man jede der in II. § 4 gegebenen Definitionen verwenden.

1. Das Verfahren von Gower (1967): Man wählt das Paar A_r, A_s mit geringster Distanz:

$$D_{A_r A_s} = \| \bar{x}_{A_r} - \bar{x}_{A_s} \| \xrightarrow{!} \underset{r,s}{\text{Min.}} \tag{3}$$

Für die Distanz von $A = A_r \cup A_s$ und A_i $(i \neq r, i \neq s)$ gilt dann die Rekursionsformel:

$$D^2_{A,A_i} = \frac{n_r}{n} \cdot D^2_{A_r A_i} + \frac{n_s}{n} \cdot D^2_{A_s A_i} - \frac{n_r n_s}{n^2} \cdot D^2_{A_r A_s} \tag{4}$$

$(n = n_r + n_s)$. Führt man hier gemäß II. § 3 die Ähnlichkeiten

$$S_{A_i A_j} := 1 - D^2_{A_i A_j}$$

von zwei Gruppen ein, so ist (3) äquivalent mit

$$S_{A_r A_s} \xrightarrow{!} \underset{r,s}{\text{Max}} \tag{5}$$

und entsprechend (4) mit

$$S_{A,A_i} = \frac{n_r}{n} \cdot S_{A_r A_i} + \frac{n_s}{n} \cdot S_{A_s A_i} - \frac{n_r n_s}{n^2} (1 - S_{A_r A_s}) \tag{6}$$

2. Das Verfahren von Ward (1963):

Man betrachtet die Streuung in den m Klassen $A_1, \ldots, A_m$ vor dem Agglomerationsschritt sowie die Streuung in den m-1 Klassen nach der Agglomeration von A_r, A_s zu $A = A_r \cup A_s$. Der durch die Agglomeration erzeugte Zuwachs der Streuung (="Informationsverlust" - Erhöhung der Unsicherheit) ist dann:

$$D^2_{A_r A_s} = \sum_{O_k \in A} \| x_k - \bar{x}_A \|^2 - \sum_{O_k \in A_r} \| x_k - \bar{x}_{A_r} \|^2 - \sum_{O_k \in A_s} \| x_k - \bar{x}_{A_s} \|^2$$

$$= \frac{n_r n_s}{n_r + n_s} \| \bar{x}_{A_r} - \bar{x}_{A_s} \|^2 \qquad \text{(vgl. II. § 4.2)}$$

Man wählt A_r und A_s so, daß diese Distanz minimal wird. Als Rekursionsformel ergibt sich:

$$D^2_{A,A_i} = \frac{(n_r+n_i).D^2_{A_rA_i} + (n_s+n_i).D^2_{A_sA_i} + (n_r+n_s).D^2_{A_rA_s}}{n_r + n_s + n_i} - D^2_{A_rA_s}$$

3. Das Verfahren von Sokal/Sneath (average-link pair-group method; 1963):

Man geht von einer Ähnlichkeitsmatrix (s_{ij}) der Objekte aus $(0 \leq s_{ij} \leq 1)$ und verwendet die Definition II.§ 4.4:

$$S_{A_rA_s} := \frac{1}{n_rn_s} \sum_{O_i \in A_r} \sum_{O_j \in A_s} s_{ij} \xrightarrow{!} \underset{r,s}{\text{Max}}$$

Als Rekursionsformel ergibt sich:

$$S_{A,A_l} = \frac{n_r}{n} S_{A_rA_l} + \frac{n_s}{n} S_{A_sA_l} ; \qquad (7)$$

Sokal/Sneath nennen (7) die "ungewichtete" Formel im Gegensatz zur "gewichteten" Formel (8).

4. Weitere Verfahren

Man geht von einer Ähnlichkeitsmatrix (s_{ij}) der Objekte aus und definiert im Verlauf des Agglomerationsverfahren die Ähnlichkeiten zwischen den Gruppen rekursiv, z.B. durch

Sokal/Sneath (1963): $S_{A_r \cup A_s, A_l} := \frac{1}{2} (S_{A_rA_l} + S_{A_sA_l})$ (8)

Gower (1967): Formel (6)

Gower (1967): $S_{A_r \cup A_s, A_l} := \frac{1}{2}(S_{A_rA_l} + S_{A_sA_l}) - \frac{1}{4}(1 - S_{A_rA_s})$.

§ 3 Dendrogramme

Man kann die graphische Darstellung einer nach §1 oder §2 konstruierten Gruppenhierarchie dadurch verfeinern, daß man

bei 1.: den (In-)Homogenitätsgrad $g(\mathfrak{A})$ bzw. $k(\mathfrak{A})$ der Gruppierung
bei 2.: die Ähnlichkeiten $S_{A_iA_j}$ bzw. Distanzen $D_{A_iA_j}$

angibt, bei denen die entsprechenden Teilungen bzw. Agglomerationen erfolgen. Man spricht dann von einem Dendrogramm und von Gruppen der entsprechenden Stufen:

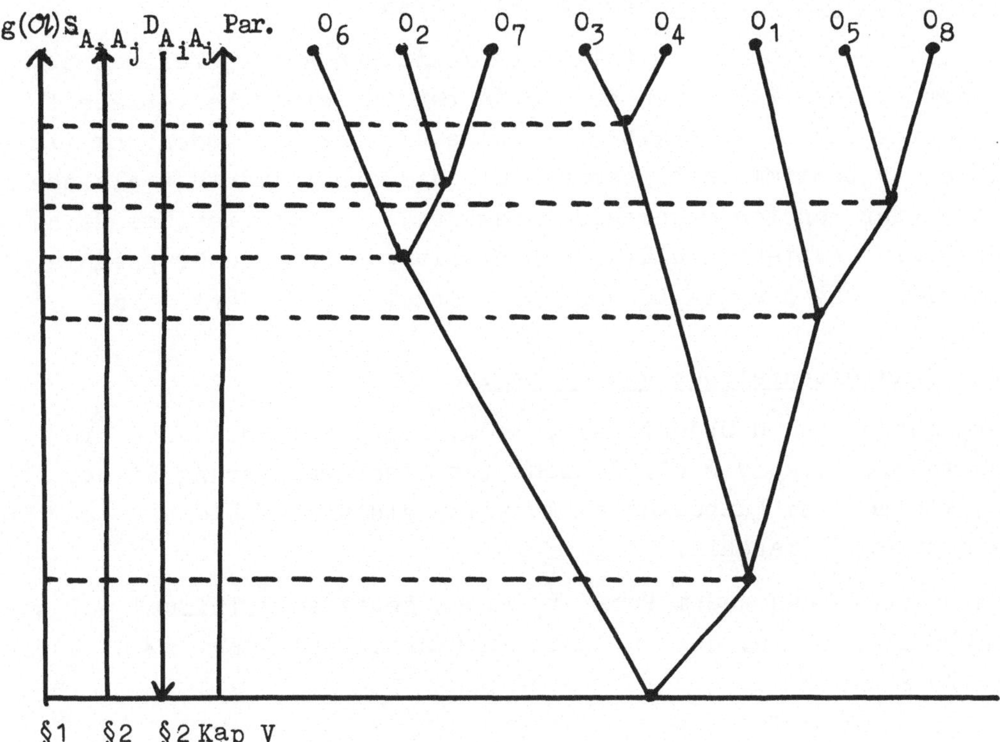
g(𝔄)
$S_{A_i A_j}$
$D_{A_i A_j}$
Par.
o_6
o_2
o_7
o_3
o_4
o_1
o_5
o_8
§1
§2
§2
Kap V

V. VERFAHREN, DIE EINEN PARAMETER VARIIEREN

In die Beschreibung der folgenden Verfahren geht jeweils ein Parameter ein. Führt man das Verfahren für einen beliebigen festen Parameter durch, so ergibt sich eine disjunkte Klasseneinteilung mit einer bestimmten Klassenanzahl. Wiederholt man das gleiche Verfahren für monoton wachsende Parameter, so läßt sich die Reihe der sukzessiv entstehenden Klasseneinteilungen in eine Gruppenhierarchie umformen, wie sie als Lösung von Problem B gefordert wird.

§ 1 Die Gradientenmethode von Schnell

Vorgegeben sind N Objekte $O_1,\ldots,O_N$, repräsentiert durch die Punkte $x_1,\ldots,x_N$ des R^p. Gesucht ist eine Gruppierung dieser Objekte in eine (unbekannte) Anzahl m disjunkter Klassen oder in Form einer Hierarchie.

Man schreibt nun jedem Punkt x_k einen gewissen "Einfluß" auf seine Umgebung in R^p zu, dessen Größe im (variablen) Punkt $x \in R^p$ durch die Funktion

$$f(x;x_k,\sigma) := \frac{1}{(\sqrt{2\pi}\,\sigma)^p} \cdot \exp\left\{-\frac{1}{2\sigma^2}\,\|x-x_k\|^2\right\}$$

gegeben sei. Diese Funktion entspricht einer Normalverteilung mit Erwartungswert x_k sowie unabhängigen Komponenten mit Varianz σ^2 (vgl. die Abb. 1 für den Fall p=1).

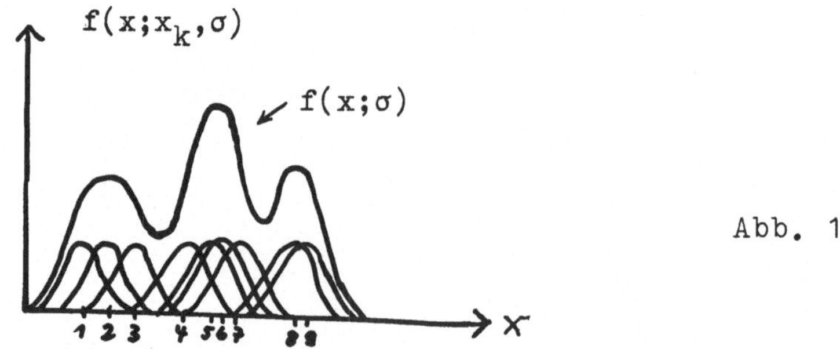

Abb. 1

Der "Gesamteinfluß" aller N Punkte $x_1,\ldots,x_N$ auf irgendeinen Punkt $x \in R^p$ entstehe durch additive Überlagerung:

$$f(x;\sigma) := \sum_{k=1}^{N} f(x;x_k,\sigma) =$$

$$= \frac{1}{(\sqrt{2\pi}\,\sigma)^p} \cdot \sum_{k=1}^{N} \exp\left\{-\frac{1}{2\sigma^2}\,\|x-x_k\|^2\right\}$$

(fette Kurve in Abb. 1 mit "Bergen" und "Tälern"). Es ist ersichtlich, daß $f(x;\sigma)$ umso größer ist, je mehr Punkte x_k in der Umgebung von x liegen. Insofern ist $f(x;\sigma)$ ein Maß für die Konzentration der x_k in der Umgebung von x.

Diesen auf anschaulichen Begriffen aufbauenden Gedankengang kehrt man um und definiert: Wenn $f(x;\sigma)$ im Punkt x "groß" ist, liegt bei x eine "Gruppe" der x_k; genauer: alle x_k, die nicht durch ein "Tal" getrennt sind, sollen definitionsgemäß eine "Gruppe" bilden.

1) Verfahren zur Erzeugung einer disjunkten Gruppeneinteilung

1. Man wähle einen Wert für die Varianz σ^2.

2. Man berechne die "Richtung des steilsten Anstiegs" von $f(x;\sigma)$ in allen Punkten $x=x_k$ $(k=1,\dots,N)$. Diese wird im Punkt x gegeben durch den "Gradientenvektor"

$$g(x;\sigma) := \begin{pmatrix} f_1(x;\sigma) \\ \vdots \\ f_p(x;\sigma) \end{pmatrix}, \text{ wobei}$$

$$f_i(x;\sigma) := \frac{\partial f(x;\sigma)}{\partial x_i} = -\frac{1}{(\sqrt{2\pi})^p \sigma^{p+2}} \cdot \sum_{k=1}^{N} (x_i - x_{ki}) \cdot \exp\left\{-\frac{1}{2\sigma^2}\|x-x_k\|^2\right\}.$$

3. Jeden Punkt $x_k^{(o)} := x_k$ rücke man um ein kleines Stück δ in der Richtung $g(x_k;\sigma)$ des steilsten Anstiegs zur Seite. (Hierdurch werden Punkte verschiedener Gruppen besser getrennt. $\delta > 0$ ist von vornherein fest zu wählen.) Die neuen Punkte seien mit $x_1^{(1)},\dots,x_N^{(1)}$ bezeichnet:

$$x_k^{(1)} = x_k^{(o)} + \frac{\delta}{\|g(x_k^{(o)};\sigma)\|} \cdot g(x_k^{(o)};\sigma)$$

4. Die Punkte $x_1^{(1)},\dots,x_N^{(1)}$ (oder ein Teil von ihnen) werden erforderlichenfalls wieder gemäß 2. und 3. verschoben, bis man für alle Punkte ein Maximum von $f(x;\sigma)$ erreicht hat, d.h. bis für alle $k=1,\dots,N$ bei weiterer Verschiebung $f(x_k^{(n)};\sigma)-f(x_k^{(n-1)};\sigma) < 0$ wird für eine gewisse ganze Zahl n, die von k abhängigen darf (=Anzahl der Verschiebungen, die $x_k^{(o)}=x_k$ erleidet).

5. Alle Punkte x_k, die auf diese Weise zum gleichen Maximum von $f(x;\sigma)$ verschoben werden, sind in einer Klasse zusammenzufassen. Hieraus ergibt sich die Anzahl m der Klassen.

Die resultierende Gruppierung hängt vom Wert von σ ab. Das entspricht der Tatsache, daß bei kleinen σ^2 alle Punkte x_k durch "Täler" voneinander getrennt sind (genau N Maxima von $f(x;\sigma)$), während bei großen σ^2 überhaupt keine trennenden Täler auftreten

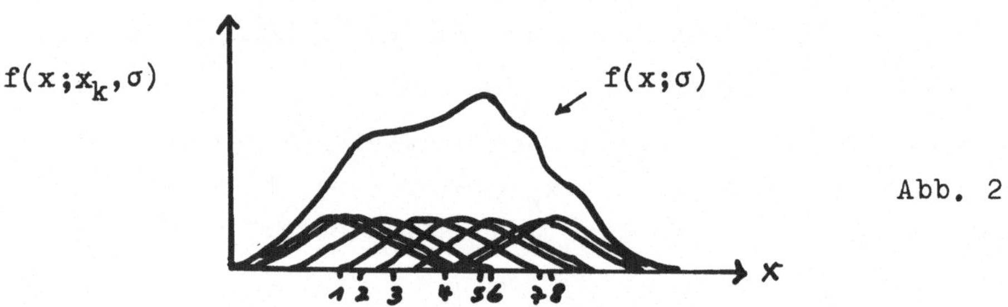

Abb. 2

(vergl. Abb.2). Entsprechend hängt die Klassenzahl m von σ ab: $m(\sigma)$. Dies benutzt man bei folgendem

2) Verfahren zur Erzeugung einer Hierarchie von Gruppen

1. Man wähle eine Folge $\sigma_1 < \sigma_2 < \sigma_3 < \ldots\ldots\ldots$
2. Man führe das vorstehende Verfahren für $\sigma=\sigma_1$, $\sigma=\sigma_2,\ldots$ usw. aus. Bei jedem weiteren Schritt verkleinert sich i.a. die Anzahl der Gruppen

$$m(\sigma_r) \geq m(\sigma_{r+1}) \qquad r=1,2,\ldots$$

weil sich dabei jeweils eine Anzahl der bereits konstruierten Gruppen zu einer neuen Klasse vereinigen (bis auf etwaige Ausnahmepunkte).

3. Man fahre fort, bis bei einem größten σ_r schließlich alle N Objekte in einer einzigen Klasse vereint sind.

Literatur: Schnell (1964); ein Anwendungsbeispiel aus der Bakteriologie siehe bei Hill u.a. (1965).

§ 2 Eine graphische Methode

1) Konstruktion einer disjunkten Klasseneinteilung (single-link cluster analysis)

Vorgegeben seien die Objekte $O_1,\ldots O_N$ mit ihrer Distanzmatrix

(d_{ij}). <u>Gesucht</u> ist eine Aufteilung der Objekte in eine <u>minimale Anzahl</u> von Gruppen $A_1, A_2, \ldots$ derart, daß alle Objekte einer beliebigen Gruppe A_r von allen Objekten einer beliebigen anderen Gruppe A_s mindestens den Abstand d haben (d eine vorgegebene Distanz); formal:

$$D_{A_r A_s} := \underset{\substack{O_i \in A_r \\ O_j \in A_s}}{\text{Minimum}} \{d_{ij}\} \overset{!}{>} d \qquad \text{für } r \neq s. \qquad (1)$$

Man spricht von <u>Gruppen der Stufe d.</u> Äquivalent zu (1) ist die Bedingung: Zwei Objekte O_i, O_j sollen genau dann in derselben Gruppe liegen, falls $d_{ij} \leq d$.

Bemerkung: Die Bedingung (1) impliziert <u>nicht</u>, daß alle Objekte innerhalb einer Gruppe A_r einen kleineren Abstand als d haben müssen. Man kann jedoch zwei Objekte innerhalb A_r immer durch eine "Kette" verbinden, die nur "Glieder" enthält, die kleiner sind als d. Solche Gruppen sind also nicht notwendig kompakt ("rund", eiförmig o.ä.), sondern können sich verzweigen und langgestreckt sein.

Das zugehörige <u>Gruppierungsverfahren</u> ist folgendes:

<u>Schritt 1:</u> Man bilde einen "Baum" B von N Punkten $O_1, \ldots, O_N$ dadurch, daß man

- mit einem beliebigen Punkt anfängt
- hierzu den nächstgelegenen Punkt zeichnet, sowie die Verbindungsstrecke beider Punkte
- zu dieser Konfiguration den Punkt, der ihr am nächsten liegt und noch nicht erfaßt ist, sowie die zugehörige Verbindungsstrecke hinzufügt
- bis alle N Punkte erfaßt sind

An alle N-1 Verbindungsgeraden schreibt man die entsprechenden Distanzen an. B heißt der "<u>Minimalbaum</u>" (minimum spanning tree).

<u>Schritt 2:</u> Man lösche alle Verbindungen, die größer als d sind. Der Baum zerfällt dadurch in Einzelstücke; dies sind gerade die gesuchten Gruppen $A_1, A_2, \ldots$

2) <u>Konstruktion einer Hierarchie von Gruppen</u>

Man gebe sich eine wachsende Folge von Distanzen vor:

$d_1 < d_2 < d_3 < \ldots\ldots,$

1.: Man bilde die Gruppen der Stufe d_1.

2.: Man bilde die Gruppen der Stufe d_2. Da hierbei (vgl. oben Schritt 2) weniger Verbindungen durchschnitten werden müssen als bei Stufe d_1, ergibt sich jede Gruppe der Stufe d_2 offensichtlich durch Zusammenlegen von gewissen Gruppen der Stufe d_1.

Dieses Verfahren wird fortgesetzt, bis ein d_r die maximale Distanz alle Objekte überschreitet; $O_1,\ldots,O_N$ ist dann die einzige Gruppe der Stufe d_r.

Bemerkungen:

a) Meist wählt man $d_i - d_{i-1} = \Delta$ (= eine feste Zahl; i=2,3,...). Ist hierbei Δ hinreichend klein, so kann man alle möglichen Nuancen der Hierarchie erfassen.

b) Wegen seiner Einfachheit und Übersichtlichkeit ist dieses Verfahren zur Analyse großer Datenmengen geeignet. Sind dabei langgestreckte Gruppen unerwünscht, so kann man die gebildeten Gruppen einzeln mit einer der anderen Gruppenmethoden weiter untersuchen.

Literatur: Sneath(1957,1957), Gower/Ross (1969).

VI. EINZELFRAGEN

§ 1 Bestimmung der Gruppenanzahl bei Problem A

Bei der Formulierung von Problem A war die Kenntnis der Gruppenanzahl vorausgesetzt. Das ist gelegentlich aus sachlichen Gründen gerechtfertigt, doch bleibt im allgemeinen Fall das Problem, anhand der Versuchsergebnisse (der Datenmatrix X) die Gruppenanzahl zu schätzen. Hierfür kennt man noch kein befriedigendes Verfahren, zumal (ebenso wie der Begriff der "Gruppe") die "Anzahl der Gruppen" kein fest definierter Begriff ist, sondern von mehr oder weniger willkürlichen praktischen Überlegungen abhängt. Die früher beschriebenen Verfahren zur numerischen Lösung von Problem A und/oder B bieten jedoch Hinweise für die Festlegung einer Gruppenanzahl, die der Datenstruktur hinreichend gut angepaßt sind.

1. Die Verfahren aus Kapitel III erlaubten die Konstruktion einer "optimalen" Einteilung $\mathfrak{A}$ der Objekte in eine bekannte Anzahl m von Gruppen in dem Sinne, daß die "Güte" $g(\mathfrak{A})$ dieser Einteilung (approximativ) maximiert wurde. Führt man diese Verfahren sukzessiv für m = 1,2,3,...,N durch und bezeichnet die zugehörigen optimalen Einteilungen mit $\mathfrak{A}^{(1)}$, $\mathfrak{A}^{(2)}$,..., dann kann man die Werte $g(\mathfrak{A}^{(m)})$ in Abhängigkeit von m aufzeichnen; i.a. ist $g(\mathfrak{A}^{(m-1)}) > g(\mathfrak{A}^{(m)})$.

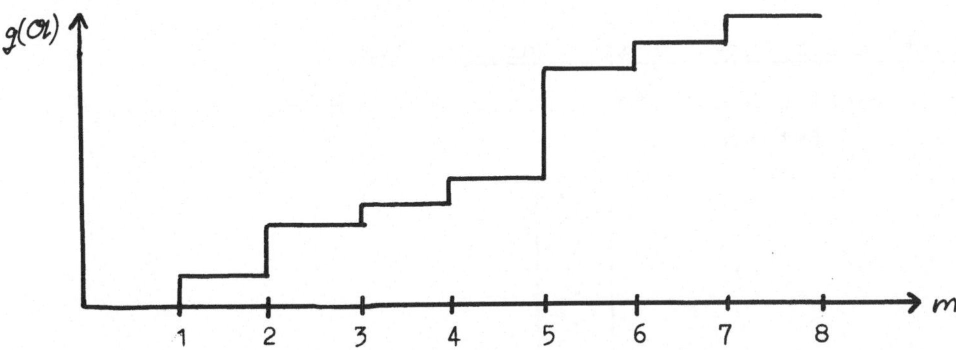

Ein relativ großer Zuwachs $g(\mathfrak{A}^{(m)}) - g(\mathfrak{A}^{(m-1)})$ der Güte läßt die Interpretation zu, daß der Übergang von m-1 Gruppen zu m Gruppen eine wesentliche Verbesserung bringt und daß die Gruppenanzahl m zur Beschreibung der Daten besonders geeignet sein kann.

2. Bei den Verfahren aus Kap. V kann man z.B. die Funktion $m(\sigma)$ in Abhängigkeit von σ empirisch bestimmen:

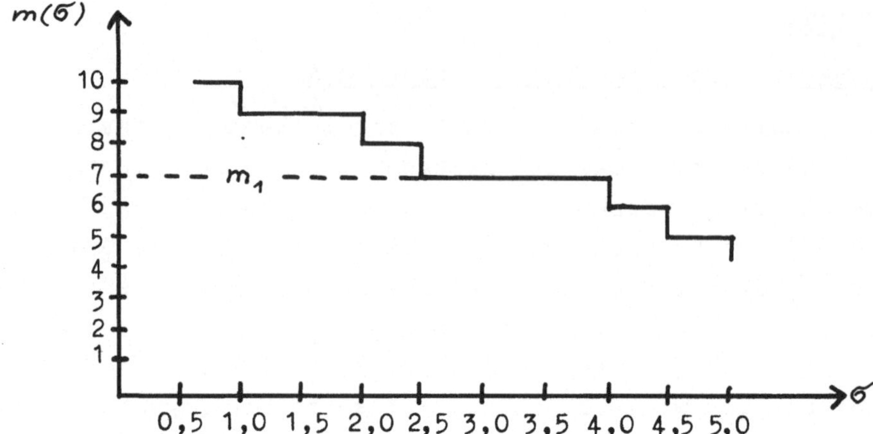

Dabei kann es vorkommen, daß trotz großer Änderung von σ die Klassenzahl m(σ) konstant bleibt (z.B. m_1 in der Abb.); man kann dies dahingehend interpretieren, daß die zugehörigen Gruppeneinteilungen sehr ausgeprägt und stabil sind und den Daten in natürlicher Weise entsprechen.

3. Eine entsprechende Darstellung erlauben die Verfahren aus Kap. IV, wobei man i.a. den Homogenitätsgrad der Gruppierung über der jeweiligen Gruppenanzahl m aufträgt. Man schließt dann, daß den Versuchsergebnissen alle jene Gruppenzahlen besonders gut angepaßt sind, für die die Änderung der aufgetragenen Größe beim Übergang von m zu m+1 relativ groß wird.

§ 2 Reduktion der Daten mittels Faktoranalyse

Wir betrachten N Objekte $O_1,\dots,O_N$ und q Merkmale $M_1,\dots,M_q$, die durch eine Datenmatrix

$$X = (x_{ki}) = \begin{pmatrix} x_1' \\ \cdot \\ \cdot \\ \cdot \\ x_N' \end{pmatrix}$$

verbunden sind. Die Vektoren $x_1,\dots,x_N \in \mathbb{R}^q$ repräsentieren die N Objekte, und wir setzen hier voraus, daß sie gemäß

$$\bar{x} = \frac{1}{N} \sum_{k=1}^{N} x_i = 0$$

normiert seien. Ist die Anzahl q der Merkmale sehr groß, dann können sich bei einer Gruppenanalyse Schwierigkeiten bez. des Rechenaufwands einzustellen. Dem kann man dadurch vorbeugen, daß man die Daten zuerst mittels der Faktoranalyse behandelt und zur Konstruktion von Gruppen nur die (z.B. p) ersten Hauptkomponenten verwendet. Die experimentellen Ergebnisse zeigen, daß hierdurch i.a. die gleichen Gruppierungen erhalten werden wie mit den ursprünglichen Daten.

Reduktion auf die ersten p Hauptkomponenten ($p < q$): Hauptkomponenten kann man folgendermaßen einführen:

Problem: Sei $x \in R^q$ ein Zufallsvektor mit $E(x) = 0$ und Kovarianzmatrix S. Gesucht ist ein zufälliger Vektor $z \in R^q$, der in einem höchstens p-dimensionalen Unterraum H des R^q eingebettet liegt (also nur p Dimensionen "benötigt") und x in dem Sinn approximiert, daß

$$E\left\{ \| x-z \|^2 \right\} \xrightarrow{!} \text{Min}$$

gilt.

Wir formulieren die Lösung dieses Problems für den Fall, daß für x die unabhängigen Beobachtungen $x_1, \ldots, x_N$ zur Verfügungs stehen und daß S durch

$$\widetilde{\Sigma} := (\widetilde{\sigma}_{ij}) := \frac{1}{N} \cdot X' X$$

geschätzt wird.

Lösung: Seien $\lambda_1 \geq \lambda_2 \geq \ldots \geq \lambda_q \geq 0$ die Eigenwerte von $\widetilde{\Sigma}$ (wobei $\lambda_p > 0$ sei). Die zugehörigen Eigenvektoren $\beta_1, \ldots, \beta_q$ seien normiert ($\| \beta_i \| = 1$) und orthogonal ($\beta_i' \beta_j = 0$ für $i \neq j$). Als "Hauptkomponenten" von x seien die reellen zufälligen Größen

$$u_i := \beta_i' x \qquad i = 1, \ldots, q$$

definiert. Dann ist

$$z := \sum_{i=1}^{p} u_i \cdot \beta_i$$

ein zufälliger Vektor, der in dem p-dimensionalen, von $\beta_1, \ldots, \beta_p$ aufgespannten Unterraum H von R^q liegt. Er stellt die Lösung des obigen Problems dar.

Führt man im Raum R^q die orthogonalen Koordinaten $\beta_1, \ldots, \beta_q$ ein, so ist $(u_1, u_2, \ldots, u_p, 0, \ldots 0)'$ die Projektion von x in H.

Die Projektionen der Beobachtungen $x_1, \ldots, x_N$ auf H werden dann (in dem p-dimensionalen Koordinatensystem von H) durch

$$y_k := \begin{pmatrix} y_{k1} \\ y_{k2} \\ \vdots \\ y_{kp} \end{pmatrix} := Bx_k \qquad k = 1,\dots, N$$

gegeben, wobei $y_{ki} := \beta_i' x_k$ die i-te Hauptkomponente von x_k und $B := (\beta_1,\dots,\beta_p)'$ die p×q-Matrix der ersten Eigenvektoren ist.

Hiermit ist die erwünschte Reduktion der Daten erfolgt: Statt der q Merkmale $M_1,\dots,M_q$ hat man jetzt nur noch p neue Merkmale $\bar{M}_1,\dots,\bar{M}_p$ zu betrachten. Die Gruppenanalyse der N neuen, die Objekte repräsentierenden Vektoren $y_1,\dots,y_N \in R^p$, erfolgt dann durch Anwendung der früher beschriebenen Gruppierungsverfahren auf die reduzierte N×p Datenmatrix

$$Y := \begin{pmatrix} y_1' \\ \vdots \\ y_N' \end{pmatrix} = (y_{ki}) \; .$$

BEISPIEL 1

Datenmatrix X für quantitative Merkmale (N=5, p=3)

Ursprüngliche Datenmatrix

	M_1	M_2	M_3
0_1	63,0	16,5	9,0
0_2	48,8	23,0	14,0
0_3	50,3	14,2	2,5
0_4	58,5	14,0	12,0
0_5	81,8	2,2	4,5
Summe	302,4	69,9	42,0
Mittelw. Spalten	60,48	13,98	8,40

Spalten auf Mittelwert 0 normiert

	M_1	M_2	M_3
0_1	2,52	2,52	0,60
0_2	-11,68	9,02	5,60
0_3	-10,18	0,22	-5,90
0_4	- 1,88	0,02	3,60
0_5	21,32	-11,78	-3,90
Quadr.-Summe	704,482	226,528	94,700
Varianz	140,896	45,306	18,940

Datenmatrix X: Spalten auf Mittelwert 0 und Varianz 1 normiert.

	M_1	M_2	M_3	
0_1	0,212	0,374	0,138	x_1'
0_2	-0,984	1,340	1,287	x_2'
0_3	-0,857	0,033	-1,356	x_3'
0_4	-0,167	0,003	0,827	x_4'
0_5	1,796	-1,750	-0,896	x_5'

Euklidische Distanzen für die Datenmatrix X : $d_{jk} = \| x_j - x_k \|$

d^2_{ij}	0_1	0_2	0_3	0_4	0_5
0_1	0	3,684	3,491	0,756	8,111
0_2	3,684	0	8,710	2,667	22,042
0_3	3,491	8,710	0	5,242	10,447
0_4	0,756	2,667	5,242	0	9,895
0_5	8,111	22,042	10,447	9,895	0

Zum Beispiel:

$$x_2 - x_3 = \begin{pmatrix} -0,127 \\ 1,307 \\ 2,643 \end{pmatrix}$$

$$\| x_2 - x_3 \|^2 = (-0,127)^2 + 1,307^2 + 2,643^2 = 8,710$$

Mahalanobis-Distanzen für die Datenmatrix X: $d_{jk}^2=(x_j-x_k)'\tilde{\Sigma}^{-1}(x_j-x_k)$

Es ist $\mathbf{x}_{.1}=\mathbf{x}_{.2}=\mathbf{x}_{.3}=0$ wegen der Normierung der Spalten von X auf den Mittelwert 0

$\tilde{\Sigma}$:

$\tilde{\sigma}_{ij}$	M_1	M_2	M_3
M_1	1,000	- 0,882	-0,364
M_2	-0,882	1,000	0,660
M_3	-0,364	0,660	1,000

Wegen der Normierung der Spalten auf die Varianz 1 ist dies auch die Korrelationsmatrix der Merkmale.

Es ist $|\tilde{\Sigma}| = 0{,}076$

$$\tilde{\Sigma}^{-1} = \begin{pmatrix} 7{,}421 & 8{,}447 & -2{,}868 \\ 8{,}447 & 11{,}421 & -4{,}447 \\ -2{,}868 & -4{,}447 & 2{,}921 \end{pmatrix}$$

d_{ij}^2	0_1	0_2	0_3	0_4	0_5
0_1	0	3,621	8,796	10,171	6,354
0_2	3,621	0	8,431	4,219	10,012
0_3	8,796	8,431	0	8,803	9,538
0_4	10,171	4,219	8,803	0	6,767
0_5	6,354	10,012	9,538	6,767	0

Korrelationskoeffizienten als Ähnlichkeitsmaß für die Objekte; zugehörige Distanzen

σ_{ij}	0_1	0_2	0_3	0_4	0_5
0_1	0,010	0,025	0,056	-0,027	-0,064
0_2	0,025	1,173	0,112	0,290	-1,600
0_3	0,056	0,112	0,329	-0,165	-0,333
0_4	-0,027	0,290	-0,165	0,188	-0,412
0_5	-0,064	-1,600	-0,333	-0,412	2,284

$$\bar{x} := \begin{pmatrix} x_{1.} \\ x_{2.} \\ x_{3.} \\ x_{4.} \\ x_{5.} \end{pmatrix} = \begin{pmatrix} 0{,}241 \\ 0{,}548 \\ -0{,}727 \\ 0{,}221 \\ -0{,}283 \end{pmatrix}$$

r_{ij}	0_1	0_2	0_3	0_4	0_5
0_1	1,000	0,231	0,981	-0,622	-0,422
0_2	0,231	1,000	0,180	0,618	-0,978
0_3	0,981	0,180	1,000	-0,664	-0,384
0_4	-0,622	0,618	-0,664	1,000	-0,629
0_5	-0,422	0,978	-0,384	-0,629	1,000

$s_1 = 0,100$
$s_2 = 1,083$
$s_3 = 0,574$
$s_4 = 0,434$
$s_5 = 1,511$

$d_{ij}=1-r_{ij}^2$	0_1	0_2	0_3	0_4	0_5
0_1	0	0,947	0,038	0,613	0,822
0_2	0,947	0	0,968	0,618	0,044
0_3	0,038	0,968	0	0,559	0,853
0_4	0,613	0,618	0,559	0	0,604
0_5	0,822	0,044	0,853	0,604	0

Optimale Gruppierung der 5 Objekte in m=3 Gruppen: Kriterium: Maximierung der Streuung zwischen den Klassen

$A_1 = \{x_1, x_2, x_4\}$ $\bar{x}_{A_1} = \frac{1}{3}(x_1 + x_2 + x_4) = (-0{,}313,\ 0{,}572,\ 0{,}751)'$

$A_2 = \{x_3\}$ $\bar{x}_{A_2} = x_3 = (-0{,}857,\ 0{,}033,\ -1{,}356)'$

$A_3 = \{x_5\}$ $\bar{x}_{A_3} = x_5 = (\ 1{,}796,\ -1{,}750,\ -0{,}896)'$

$\bar{x} = \frac{1}{5}(x_1 + x_2 + x_3 + x_4 + x_5) = (0,0,0)'$ nach Konstr. von X

$$g(\mathfrak{A}) = \sum_{i=1}^{3} n_i \| \bar{x}_{A_i} - \bar{x} \|^2 = \sum_{i=1}^{3} n_i \| \bar{x}_{A_i} \|^2 - 5 \cdot \|\bar{x}\|^2$$

$$= 3 \cdot (0{,}313^2 + 0{,}572^2 + 0{,}751^2) + 1 \cdot (0{,}857^2 + 0{,}033^2 + 1{,}356^2) + 1 \cdot (1{,}796^2 + 1{,}750^2 + 0{,}896^2) - 5 \cdot 0$$

$$= 3 \cdot 0{,}989 + 1 \cdot 2{,}574 + 1 \cdot 7{,}091 = 12{,}632$$

Der Vergleich mit den übrigen 25 Aufteilungen in drei Klassen zeigt, daß obiges $\mathfrak{A}$ optimal ist.

Iteratives Verfahren zur Approximation dieser optimalen Gruppierung

Ausgangsgruppierung: $\mathfrak{A}^0 = (\{x_3, x_4\}, \{x_2\}, \{x_1, x_5\})$

$\bar{x}_{A_1^0} = \frac{1}{2}(x_3 + x_4) = (-0{,}512,\ 0{,}018,\ -0{,}265)'$

$\bar{x}_{A_2^0} = x_2 = (\ -0{,}984,\ 1{,}340,\ 1{,}287)'$

$\bar{x}_{A_3^0} = \frac{1}{2}(x_1 + x_5) = (1{,}004,\ -0{,}688,\ -0{,}379)'$

Tabelle der euklidischen Abstände $\| x_k - \bar{x}_{A_i^0} \|^2$:

i \ k	1	2	3	4	N=5
1	0,813	4,379	1,310	1,224	8,851
2	3,684	0	8,710	2,667	22,042
m=3	2,022	10,840	4,938	3,303	2,022

$\mathfrak{A}^1 = (\{x_1, x_3, x_4\}, \{x_2\}, \{x_5\})$

$\bar{x}_{A_1^1} = \frac{1}{3}(x_1 + x_3 + x_4) = (-0{,}271,\ 0{,}137,\ -0{,}130)'$

$\bar{x}_{A_2^1} = x_2 = (-0{,}984,\ 1{,}340,\ 1{,}287)'$

$\bar{x}_{A_3^1} = x_5 = (1{,}796,\ -1{,}750,\ -0{,}896)'$

Tabelle der euklidischen Distanzen $\|x_k - \bar{x}_{A_i^1}\|^2$:

i \ k	1	2	3	4	N=5
1	0,361	3,963	1,857	0,944	8,420
2	3,684	0	8,710	2,667	22,042
m=3	8,111	22,042	10,447	9,895	0

$$g(\mathfrak{A}^1) = g(\mathfrak{A}^2) = \ldots. = \sum_{i=1}^{3} n_i \ \|\bar{x}_{A_i^1}\| - 5\cdot\|\bar{x}\|^2$$

$$= 3\cdot(0{,}271^2+0{,}137^2+0{,}130^2) + 1\cdot(0{,}984^2+1{,}340^2+1{,}287^2)$$

$$+ 1\cdot(1{,}796^2+1{,}750^2+0{,}896^2) - 5\cdot(0^2+0^2+0^2)$$

$$= 11{,}838 .$$

Divisive Methode zur Konstruktion einer Hierarchie

Kriterium: Streuung zwischen den beiden neuen Klassen $\stackrel{!}{=}$ Max

Exaktes Ergebnis: Gleiches Dendrogr. wie bei den agglomerativen Methoden

Approximatives Verfahren von Gower:

Schritt 1: Aufteilung von $\{x_1, x_2, x_3, x_4, x_5\}$

x_2 und x_5 haben größten Abstand: $A = \{x_2\}$, $B = \{x_5\}$

Nächste Punkte:

$$\left.\begin{matrix} A \xleftrightarrow{2,667} x_4 \\ B \xleftrightarrow{8,111} x_1 \end{matrix}\right\} \Rightarrow x_4 \text{ zu A nehmen: } \begin{cases} A = \{x_2, x_4\} \\ \bar{x}_A = \begin{pmatrix} -0,576 \\ 0,672 \\ 1,067 \end{pmatrix} \end{cases}$$

Distanzen:

	x_1	x_3
$\bar{x}_A$	1,554	6,310
$\bar{x}_B = x_5$	8,111	10,447

Nächste Punkte:

$$\left.\begin{matrix} A \xleftrightarrow{1,554} x_1 \\ B \xleftrightarrow{8,111} x_1 \end{matrix}\right\} \Rightarrow x_1 \text{ zu A nehmen: } \begin{cases} A = \{x_1, x_2, x_4\} \\ \bar{x}_A = \begin{pmatrix} -0,313 \\ 0,572 \\ 0,751 \end{pmatrix} \end{cases}$$

Distanzen zum übrig gebliebenen Punkt x_3:

$$\left.\begin{matrix} A \xleftrightarrow{5,026} x_3 \\ B \xleftrightarrow{10,447} x_3 \end{matrix}\right\} \Rightarrow x_3 \text{ zu A nehmen: } A = \{x_1, x_2, x_3, x_4\}$$

$$\Rightarrow \boxed{\{x_1, x_2, x_3, x_4\}, \{x_5\}}$$

Schritt 2: Aufteilung von $\{x_1, x_2, x_3, x_4\}$:

x_2 und x_3 haben größten Abstand : $A = \{x_2\}$, $B = \{x_3\}$

Nächste Punkte:

$$\left.\begin{array}{l} A \xleftrightarrow{2,667} x_4 \\ B \xleftrightarrow{3,491} x_1 \end{array}\right\} \Rightarrow x_4 \text{ zu A nehmen: } \left\{\begin{array}{l} A = \{x_2, x_4\} \\ \bar{x}_A = \begin{pmatrix} -0,576 \\ 0,672 \\ 1,057 \end{pmatrix} \end{array}\right.$$

Distanzen zum übrig gebliebenen Punkt x_1:

$$\left.\begin{array}{l} A \xleftrightarrow{1,554} x_1 \\ B \xleftrightarrow{3,491} x_1 \end{array}\right\} \begin{array}{l} \Rightarrow x_1 \text{ zu A nehmen: } A = \{x_1, x_2, x_4\} \\ \Rightarrow \boxed{\{x_1, x_2, x_4\}, \{x_3\}, \{x_5\}} \end{array}$$

<u>Schritt 3:</u> Aufteilung von $\{x_1, x_2, x_4\}$

x_1 und x_2 haben größten Abstand: $A = \{x_1\}$, $B = \{x_2\}$

$$\text{Distanzen: } \left.\begin{array}{l} A \xleftrightarrow{0,756} x_4 \\ B \xleftrightarrow{2,667} x_4 \end{array}\right\} \Rightarrow A = \{x_1, x_4\}$$

$$\Rightarrow \boxed{\{x_1, x_4\} \{x_2\}, \{x_3\}, \{x_5\}}$$

<u>Schritt 4:</u> $\boxed{\{x_1\}, \{x_2\}, \{x_3\}, \{x_4\}, \{x_5\}}$

Agglomerative Methoden zur Konstruktion einer Hierarchie

1. Kriterium: Euklidische Distanzen: $\| \bar{x}_{A_i} - \bar{x}_{A_j} \|^2 = D^2_{A_i A_j}$

Anfang: $g(\{x_1\}, \{x_2\}, \{x_3\}, \{x_4\}, \{x_5\}) = 15{,}000$

Schritt 1: Die frühere Tabelle zeigt, daß: $\|x_1 - x_4\|^2 = 0{,}756$

$$= \min_{i \neq j} \|x_i - x_j\|^2$$

$$A_1 := \{x_1, x_4\}; \quad \bar{x}_{A_1} = \frac{1}{2}(x_1 + x_4) = (0{,}023,\ 0{,}189,\ 0{,}483)'$$

Tabelle der Distanzen:

	$\bar{x}_{A_1}$	x_2	x_3	x_5
$\bar{x}_{A_1}$	0	2,985	4,181	8,805
x_2	2,985	0	8,710	22,042
x_3	4,181	8,710	0	10,447
x_5	8,805	22,042	10,447	0

$g(A_1, \{x_2\}, \{x_3\}, \{x_5\}) = 14{,}625$

Schritt 2: Kleinste Distanz: zwischen x_2 und $\bar{x}_{A_1}$

$$A_2 = \{x_1, x_2, x_4\}; \quad \bar{x}_{A_2} = \frac{1}{3}(x_1 + x_2 + x_4)$$

$$= (-0{,}313,\ 0{,}572,\ 0{,}751)'$$

Tabelle der Distanzen:

	$\bar{x}_{A_2}$	x_3	x_5
$\bar{x}_{A_2}$	0	5,026	12,552
x_3	5,026	0	10,447
x_5	12,552	10,447	0

$g(A_2, \{x_3\}, \{x_5\}) = 12{,}634$

Schritt 3: Kleinste Distanz: zwischen x_3 und $\bar{x}_{A_2}$

$A_3 = \{x_1, x_2, x_3, x_4\}$ $\qquad g(A_3, \{x_5\}) = 8,865$

Schritt 4: $A_4 = \{x_1, x_2, x_3, x_4, x_5\}$ $\qquad g(A_4) = 0$

Dendrogramm:

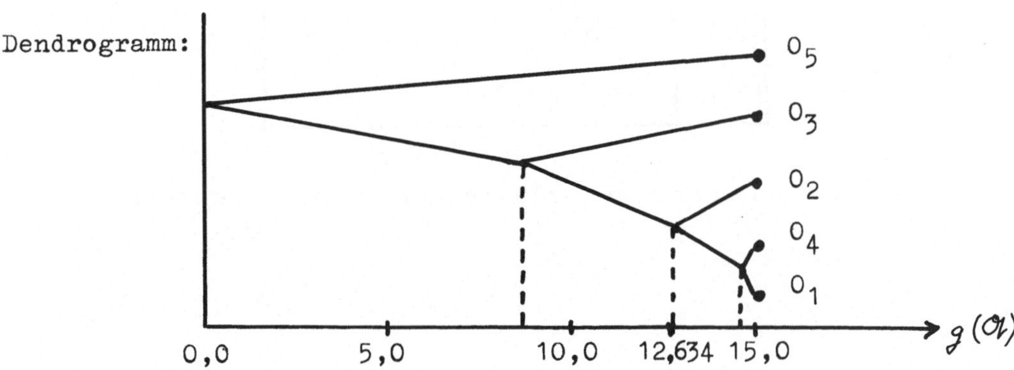

2. Kriterium: $D^2_{A_i A_j} = \frac{n_i n_j}{n_i + n_j} \| \bar{x}_{A_i} - \bar{x}_{A_j} \|^2$

Anfang: $g(\{x_1\}, \{x_2\}, \{x_3\}, \{x_4\}, \{x_5\}) = 15,000$

Schritt 1: Die Tabelle der Distanzen $\| x_i - x_j \|^2$ zeigt, daß:

$A_1 = \{x_1, x_4\}$

$g(A_1, \{x_2\}, \{x_3\}, \{x_5\}) = 14,625$

Tabelle der Distanzen:

	A_1	$\{x_2\}$	$\{x_3\}$	$\{x_5\}$
A_1	0	1,990	2,787	5,869
$\{x_2\}$	1,990	0	4,337	11,021
$\{x_3\}$	2,787	4,337	0	5,224
$\{x_5\}$	5,869	11,021	5,224	0

Schritt 2: $A_2 = \{x_1, x_2, x_4\}$

$g(A_2, \{x_3\}, \{x_5\}) = 12{,}634$

Tabelle der Distanzen :

	A_2	$\{x_3\}$	$\{x_5\}$
A_2	0	3,770	9,414
$\{x_3\}$	3,770	0	5,224
$\{x_5\}$	9,414	5,224	0

Die weiteren Schritte verlaufen wie beim 1. Kriterium.

Graphisches Verfahren zur Konstruktion einer Gruppenhierarchie

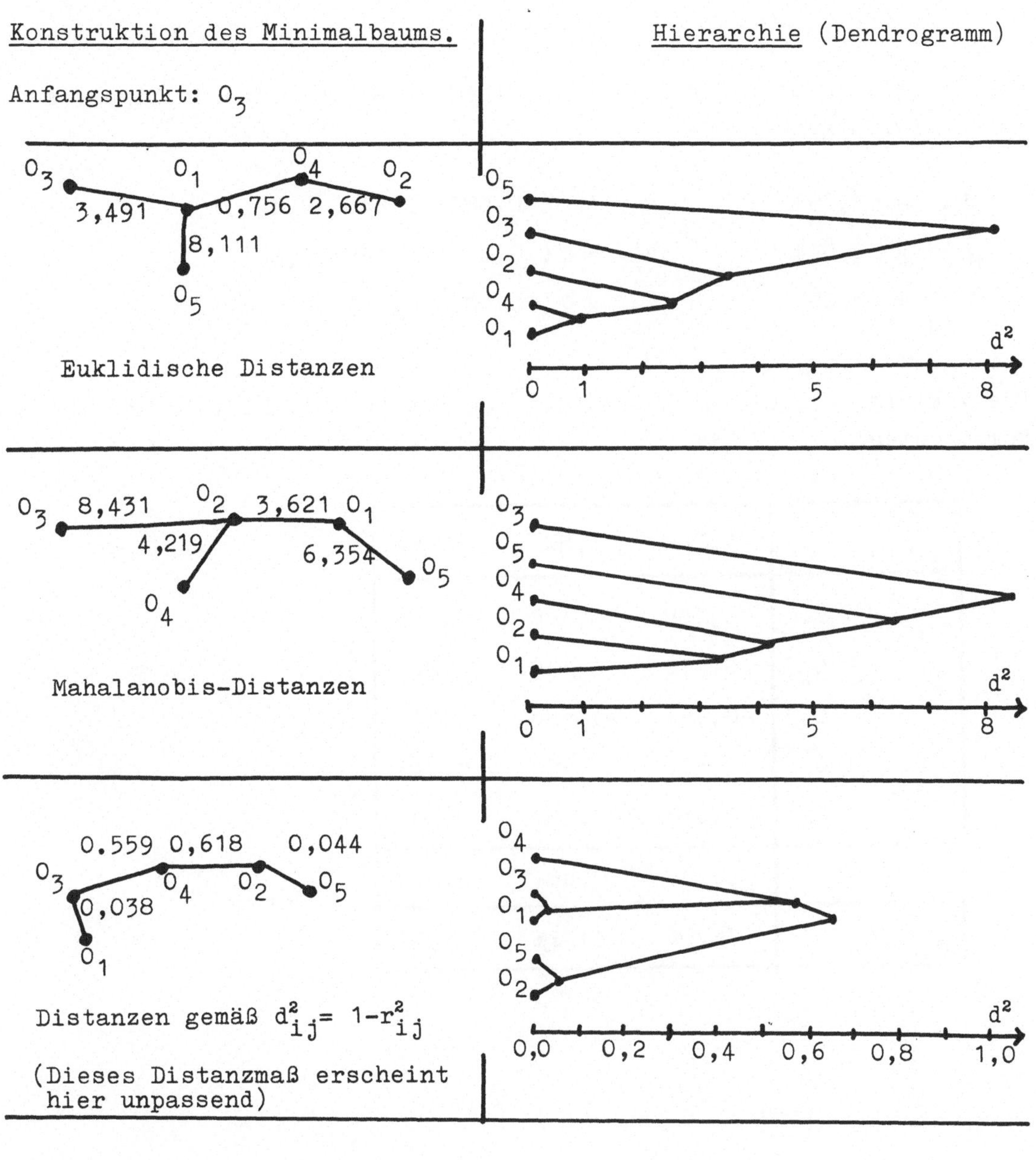

Reduktion mittels Hauptkomponenten

Die Kovarianzmatrix $\tilde{\Sigma}$ der Merkmale (q=3) besitzt folgende Eigenvektoren bzw. Eigenwerte:

$$\lambda_1 = 2{,}294 \qquad z_1 = (-0{,}580,\ 0{,}648,\ 0{,}495)'$$
$$\lambda_2 = 0{,}664 \qquad z_2 = (\ 0{,}572,-0{,}165,\ 0{,}804)'$$
$$\lambda_3 = 0{,}052 \qquad z_3 = (\ 0{,}602,\ 0{,}749,-0{,}275)'$$

Die Vektoren $x_1,\ldots, x_5$ haben folgende Darstellung mittels der Hauptkomponenten:

	1.HK	2.HK	3.HK
O_1	0,188	0,190	0,365
O_2	2,074	0,339	0,048
O_3	-0,151	-1,596	-0,071
O_4	0,507	0,580	-0,343
O_5	-2,618	0,487	0,001
Varianz	2,294	0,664	0,052
dgl.in % (d.Summe)	76,5%	21,8%	1,7%

$$= \frac{1}{5} \sum_{k=1}^{5} y_{ki}^2$$

Berücksichtigt man hier nur die ersten p Hauptkomponenten (p= 1,2,3) und sucht die (bez. der Streuung in den Klassen) optimale Gruppierung in m disjunkte Klassen (m=1,2,3,4,5), so erhält man, wenn man das k-te Objekt durch k ersetzt(k = 1,2,3,4,5):

Klassenanzahl	p = 3		p = 2		p = 1	
m		g($\mathfrak{A}$)		g($\mathfrak{A}$)		g($\mathfrak{A}$)
1	{1,2,3,4,5}	0	{1,2,3,4,5}	0	{1,2,3,4,5}	0
2	{1,2,3,4},{5}	8,865	{1,2,3,4},{5}	8,865	{1,2,3,4},{5}	8,565
3	{1,2,4},{3},{5}	12,634	{1,2,4}{3}{5}	12,630	{1,3,4}{2}{5}	11,250
4	{1,4}{2}{3}{5}	14,625	{1,4}{2}{3}{5}	14,610	{1,4}{2}{3}{5}	11,415
5	{1}{2}{3}{4}{5}	15,000	{1}{2}{3}{4}{5}	14,745	{1}{2}{3}{4}{5}	11,475

Projektion der 5 Punkte in den Raum der ersten beiden Hauptkomponenten:

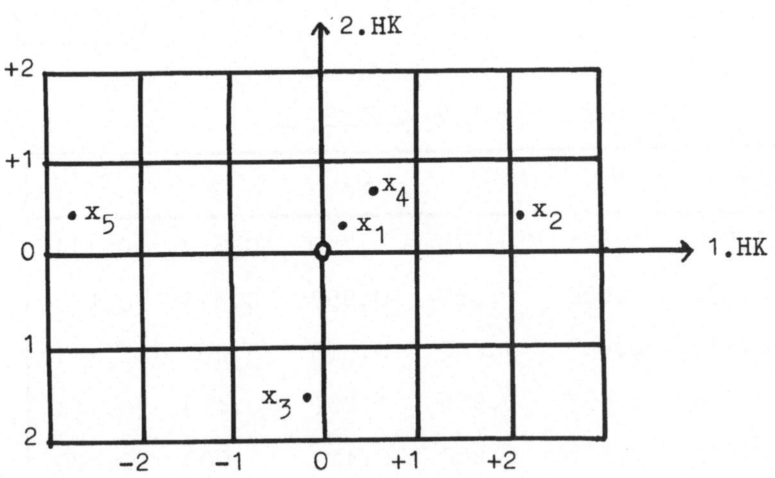

BEISPIEL 2

Datenmatrix X für qualitative Merkmale (N = 6, p = 10)

	1	2	3	4	5	6	7	8	9	10	
O_1	1	1	1	0	1	1	1	1	1	0	x_1'
O_2	1	0	1	0	1	1	1	1	1	0	x_2'
O_3	0	1	1	1	1	1	1	1	1	0	x_3'
O_4	1	0	1	0	0	1	1	1	1	0	x_4'
O_5	1	0	0	0	0	1	0	1	0	1	x_5'
O_6	1	0	0	1	0	0	0	0	0	0	x_6'

Ähnlichkeiten gemäß $s_{ij} = (a_{ij} + d_{ij})/p$

	O_1	O_2	O_3	O_4	O_5	O_6
O_1	1,0	0,9	0,8	0,8	0,4	0,2
O_2	0,9	1,0	0,7	0,9	0,5	0,3
O_3	0,8	0,7	1,0	0,6	0,2	0,2
O_4	0,8	0,8	0,6	1,0	0,6	0,4
O_5	0,4	0,5	0,2	0,6	1,0	0,6
O_6	0,2	0,3	0,2	0,4	0,6	1,0

Die 2×2-Kontingenztafel für die Objekte O_2 u. O_5 (Vektoren x_2 und x_5) ist:

i=2 \ j=5	0	1	
0	2	1	3
1	4	3	7
	6	4	10

Ähnlichkeiten gemäß $s_{ij} = d_{ij}/(p-a_{ij})$

	O_1	O_2	O_3	O_4	O_5	O_6
O_1	1,000	0,875	0,778	0,750	0,333	0,111
O_2	0,875	1,000	0,667	0,857	0,375	0,125
O_3	0,778	0,667	1,000	0,556	0,200	0,111
O_4	0,750	0,857	0,556	1,000	0,429	0,143
O_5	0,333	0,375	0,200	0,429	1,000	0,200
O_6	0,111	0,125	0,111	0,143	0,200	1,000

Ähnlichkeiten gemäß $s_{ij} = r_{ij}$

	O_1	O_2	O_3	O_4	O_5	O_6
O_1	1,000	0,764	0, 75	0,612	-0,102	-0,375
O_2	0,764	1,000	0,218	0,802	0,089	-0,218
O_3	0,375	0,218	1,000	0,102	-0,612	-0,375
O_4	0,612	0,802	0,102	1,000	0,250	-0,102
O_5	-0,102	0,089	-0,612	0,250	1,000	0,102
O_6	-0,375	-0,218	-0,375	-0,102	0,102	1,000

Literatur:

Bock, H.H.: Statistische Modelle und Bayes'sche Verfahren zur Bestimmung einer unbekannten Klassifikation normalverteilter zufälliger Vektoren. Erscheint in Metrika. Im Druck.

Cattel,R.B., M.A. Coulter and B. Tsujioka: The taxonometrie recognition of types and functional emergents. In: Cattell R.B.(Hrsg.), Handbook of multivariable experimental psychology.Rand McNally Comp., Chicago (1966)

Edwards,A.W.F., u. L.L.Cavalli-Sforza: A method for cluster analysis. Biometrics 21, 362-375 (1965).

Friedmann,H.P., u.J.Rubin: On some invariant criteria for grouping data.J.Am.Statist.Assoc. 62, 1159-1178 (1967).

Gower,J.C.: A comparision of some methods of cluster analysis. Biometrics 23, 623-638 (1967).

Gower,J.C., u. G.J.S.Ross: Minimum spanning trees and single linkage cluster analysis. Applied Statist.,18, 54-64 (1969).

Hill,L.R., L.G.Silvestri, P.Ihm, G.Farchi, u. P. Lanciani: Automatic classification of staphylococci by principal component analysis and a gradient method, J. of Bacteriology 89, 1393-1401 (1965).

Schnell,P.: Eine Methode zum Auffinden von Gruppen. Biometrische Zeitschrift 6, 47-48 (1964).

Sneath,P.H.A.: Some thoughts on bacterial classification. J. Gen. Microbiol. 17, 184-200 (1957).

Sneath,P.H.A.: The application of computers in taxonomy. J.Gen. Microbiol. 17, 201-226 (1957).

Sokal,R.R. u. P.H.Sneath: Principles of numerical taxonomy. Freeman; San Francisco and London (1963).

Ward,J.: Hierarchial grouping to optimize an objective function. J.Am.Statist.Assoc. 58, 236-244 (1963).

I n f o r m a t i o n   u n d   D a t e n v e r a r b e i t u n g

Grundbegriffe der Informationstheorie

D. Morgenstern

Die Hauptaufgabe der Informationstheorie in der einfachsten Form ist die Kennzeichnung der Nachrichten einer gegebenen Nachrichtenmenge durch Zeichen eines gegebenen Vorrats, die in räumlich oder zeitlich vorgeschriebener Weise verwendet werden dürfen. Der Zweck ist meistens die räumliche oder zeitliche Übermittlung. Um das Wichtigste dieser umfangreichen und komplexen Begriffswelt klarzumachen, werden typische Beispiele behandelt.

1. Beispiel für die Fragestellung: Die Nachrichtenmenge bestehe aus den in einer bestimmten Gegend bei einer bestimmten Tierart vorkommenden und tabellierten Krankheiten; als Zeichen sollen für die automatische Bearbeitung Lochungen auf Karteikarten für die beobachtenden Tiere verwendet werden (je Karte nur eine Krankheit), wofür ein Lochungsverfahren aufgestellt werden soll: ohne Einschränkung für die jeweiligen Lochkombinationen stehen n verschiedene Plätze auf der Karteikarte für Lochung oder Nichtlochung zur Verfügung. Offenbar existieren 2^n verschiedene Lochungen, die man den Krankheiten dadurch ein-eindeutig zuordnen kann, daß man die Nummer der Krankheit in der Tabelle als n-stellige Dualzahl schreibt (statt der üblichen Dezimalzahlen) und die Ziffer (0 oder 1) jeder Stelle auf einen Platz der Karteikarte überträgt durch 1=Loch, 0=Nicht-Loch. Wenn die Anzahl der Krankheiten $N \leq 2^n$ ist, ist das Verfahren anwendbar. Diese Bedingung $N \leq 2^n$ ist notwendig und hinreichend für die Herstellbarkeit eines derartigen Codes.

Informationsmaß: Die Anzahl der benutzten Stellen (n) ist ein Maß für die Schwierigkeit der Nachrichtenverarbeitung, oder auch für die Schwierigkeit, mittels dieses Codes eine dieser Nachrichten zu übertragen; deshalb wird diese Zahl, genauer der Logarithmus der Zahl N zur Basis 2, als Informationsmaß verwendet und (weil die Anzahl der Elementarzeichen 2 war) mit dem Zusatz "bit" versehen.

2. Beispiel für die Zusammenfassung zweier Codes: Wenn zwei Nachrichtenmengen vom Umfang 10 durch Zeichen eines Zwei-Zeichen-Vorrates (wie eben) beschrieben werden sollen, braucht man, wenn man jedes für sich behandelt, wegen der Ungleichung $10 \leq 2^4$ offenbar jeweils 4 Stellen, also insgesamt 8. Durch Zusammenfassen von je einer Nachricht der

ersten Nachrichtenmenge mit einer der zweiten Nachrichtenmenge erhält man offenbar (Produktbildung) 100 neue Nachrichten, die nach derselben Ungleichung durch eine Code mit 7 Stellen bezeichnet werden können, so daß der Aufwand für jede Nachricht nur 7/2 also 3,5 beträgt. Auf diese Weise kann man sich dem Informationsmaß beliebig weit nähern.

3. Beispiel für die Benutzung anderer Zeichenmengen: Wenn auch die Verwendung von zwei Elementarzeichen aus technischen Gründen weit verbreitet ist (ja-nein-Fragen, durchsichtig-nichtdurchsichtig, Ladung-keine Ladung, magnetisch-unmagnetisch), so kommen doch viele andere Zeichensysteme zur Verwendung: das Bekannteste ist das Alphabet (26 Zeichen) oder "Alphabet und Ziffern", evtl.mit Zulassung einiger Zeichen (z.B. Post bei Telegrammen), bestimmte Stellungen von Hebeln oder Rädern (jeder Wert a). Eine Klasse von Beispielen liefern die zusammengesetzten Zeichen, die selbst aus anderen Elementarzeichen aufgebaut sind, z.B. die 80 Spalten in den bisherigen IBM-Lochkarten, in denen jeweilig nur 2 Löcher gestanzt werden. Bei a Elementarzeichen gilt $N \leq a^n$. Die Umrechnung der entsprechend definierten Informationsmaße $^{a}\log N$ erfolgt durch die einfache Beziehung $^{a}\log N = (^{a}\log b) \cdot {}^{b}\log N$.

4. Beispiel für die Fragestellung mit Zulassung von Fehlern: Bei einer Telephon-Anlage mit 5-stelligen Rufnummern sollen (möglichst viele) Anschlüsse so ausgegeben werden, daß auch bei Falschwahl einer der fünf Ziffern der richtige Teilnehmer gerufen wird. Weil es zu einer richtigen Nummer immer (jede der fünf Ziffern kann auf 9 verschiedene Weisen verfälscht werden) 45 Rufnummern gibt, unter denen dieser erreicht werden soll, muß man also auch diese Apparate bei demselben Teilnehmer aufstellen: jeder Teilnehmer erhält also 45+1=46 Apparate, deren Nummern in einem gewissen Zusammenhang stehen. Wegen dieses Zusammenhanges kann man nicht ohne weiteres sagen, daß dieses Verfahren zur völligen Aufteilung aller 10.ooo Apparate führt, sondern kann nur darauf schließen, daß höchstens $\frac{10^5}{1+5\cdot 9} = \frac{10000}{46} = 2173$ Teilnehmer versorgt werden können. Die jeweiligen Hauptnummern der Teilnehmer ("Codewörter") bilden einen Code von 5-stelligen Dezimalzahlen mit der besonderen Eigenschaft, daß sich je zwei von ihnen in mindestens 3 Stellen unterscheiden: die Anzahl von Stellen, an denen sich zwei Zahlen eines Codes unterscheiden, nennt man den Hamming-Abstand dieser Code-Wörter; und Codes mit dem Mindestabstand 3 zwischen je zweien haben ersichtlich die Eigenschaft, daß man bei mit ihnen bezeichneten Nachrichten eine Stelle verändern darf: die Herstellung

der ursprünglichen Nachricht ist immer noch zweifellos möglich, da es immer nur höchstens ein Wort im Code geben kann, das sich von dem vorgelegten um höchstens eine Stelle unterscheidet. Allgemein sieht man ein, daß analog Codes mit Hamming-Abstand 2f+1 zwischen je zwei Wörtern sogar verwendet werden könnten, wenn bis zu f Stellen verändert werden dürfen (fehlerkorrigierende Codes);bei Abständen 2f können Fehler bei bis zu f-1 Stellen noch korrigiert werden, während Fehler an f Stellen nur noch entdeckt, aber nicht korrigiert werden können (fehlerfindender Code). Die nach dem Vorbild der obigen Telephon-Überlegung leicht aufstellbare Bedingung für die Anzahl von Wörtern in einem Code mit n Stellen bei Verwendung von a Zeichen und Zulassung von höchstens einem Fehler $N \leq \frac{a^n}{1+n(a-1)}$ ist nur eine notwendige! Nur in wenigen Fällen gilt das Gleichheitszeichen,und in den Fällen von Zulassung von mehreren Einzelfehlern wird es noch schwieriger!

5. Beispiel für einen Code, bei dem in der Hauptungleichung das Gleichheitszeichen gilt: n = 7, a = 2, N = 16; ein sogenannter "Hamming-Code" wie sie allgemein für $n = \frac{a^m-1}{a-1}$ $N = a^{n-m}$ mit a= Zeichenzahl = Primzahlpotenz angegeben werden können.

Nachricht	4 Informationsträger				3 Kontrollstellen		
0							
1				1	1	1	1
2			1		1	1	
3			1	1			1
4		1			1		1
5		1		1		1	
6		1	1			1	1
7		1	1	1	1		
8	1					1	1
9	1			1	1		
10	1		1		1		1
11	1		1	1		1	
12	1	1			1	1	
13	1	1		1			1
14	1	1	1				
15	1	1	1	1	1	1	1

Man stellt fest, daß die Bedingung "Hammingabstand mindestens gleich 3" erfüllt ist. Andererseits gilt $N=16=\frac{2^7}{1+7}$, d.h. das Gleichheitszeichen in der aufgestellten Ungleichung; der Code ist also optimal.

Man kann den Code so beschreiben: die ersten 4 Stellen sind die Informationsträger (die Dualzifferndarstellung der Nachrichtennummer); die restlichen drei Stellen sind Kontrollziffern, deren Hinzufügung notwendig geworden ist, um einen einzigen möglichen Einzelfehler bei einer der 7 Ziffern noch korrigieren zu können (also statt der 4 Stellen jetzt 7, um die gleiche Anzahl von Nachrichten kennzeichnen zu können; oder anders ausgedrückt: statt der $2^7 = 128$ Nachrichten kann man mit den verwendeten 7-stelligen Dualzahlen nur 16 Nachrichten, d.h. den 8-ten Teil kennzeichen). Die Kontrollziffern kann man so erhalten:

$$x_5 = x_2 + x_3 + x_4$$
$$x_6 = x_1 + x_3 + x_4$$
$$x_7 = x_1 + x_2 + x_4$$

wobei die Gleichungen "Modulo 2" zu rechnen sind; d.h. Vielfache von 2 sind solange zu subtrahieren bis 1 oder 0 entsteht.

Abgesehen von Vertauschungen der Nachrichten sind alle Stellen gleichwertig; statt der letzten 3 Stellen kann man irgend welche Spalten als Kontrollziffern verwenden. Die 7-stelligen Zeilen bilden übrigens die Gesamtheit eines 4-dimensionalen Unterraumes in einem 7-dimensionalen Vektorraum, wobei der Koeffizientenkörper der der Zahlen 0,1 mod 2 ist.

Die Feststellung der fehlerhaften Stelle, **deren** Berichtigung und die leichte Ablesung der ursprünglichen Kennzeichung, kann auf folgende Weise leicht geschehen: von denjenigen der folgenden drei Gleichungen, die nicht befriedigt sind, addiert man die in Klammern gesetzten Werte und erhält die Nummer der fehlerhaften Stelle:

$$x_1 + x_3 + x_5 + x_7 = 0 \pmod 2) \quad (1)$$
$$x_2 + x_3 + x_6 + x_7 = 0 \pmod 2) \quad (2)$$
$$x_4 + x_5 + x_6 + x_7 = 0 \pmod 2) \quad (4)$$

<u>6. Beispiel</u> zur Gewinnung eines Codes aus einem anderen: Wählt man aus den 16 Code-Wörtern des eben angegebenen Hamming-Codes diejenigen 8 aus, die an der ersten Stelle eine Null haben, und läßt diese weg,

so erhält man einen 6-stelligen Dual-Code aus 8 Wörtern, für den der Hamming-Abstand immer noch mindestens drei beträgt, d.h., der einfache Fehler noch berichtigen kann; obgleich die Schranke

$\frac{2^6}{1+6} = \frac{64}{7}$ den Wert 9 zuläßt, ist dieser Code optimal!

7. Beispiel für einen Nicht-Dual-Code: Auch wenn die Zeichenanzahl nicht zwei ist, lassen sich für gewisse Stellenzahlen systematische Codes angeben; dies gilt insbesondere für den Fall, daß diese Anzahl a eine Primzahl (allgemeiner eine Primzahlpotenz) ist. Beispiel a=3; N=9; n=4. Zwei Stellen sind Informationsträger, zwei sind Kontrollstellen und können nach den Gleichungen

$$x_3 = x_1 + x_2$$
$$x_4 = x_1 + 2x_2$$

modulo 3 berechnet werden:

Nachr.	x_1	x_2	x_3	x_4
0	0	0	0	0
1	0	1	1	2
2	0	2	2	1
3	1	0	1	1
4	1	1	2	0
5	1	2	0	2
6	2	0	2	2
7	2	1	0	1
8	2	2	1	0

8. Beispielhafte Hinweise zur Erzeugung von fehlerkorrigierenden Dezimalcodes: Will man für den praktischen Gebrauch die zehn Ziffern als Elementarzeichen verwenden, so bieten sich folgende zwei Methoden an: Die freiwillige Weglassung einer Ziffer (etwa: Null) und Verwendung der Zeichenzahl 9 (Primzahlpotenz, deshalb unter Verwendung endlicher Körper systematische Verfahren vorhanden); für n=10 gibt es dann z.B. einen fehlerkorrigierenden Code mit N=43.046.721 Wörtern. Heranziehung eines systematisch erzeugten Codes mit zunächst einer größeren Zeichenzahl (z.B. 11=Primzahl) und Aussortieren aller derjenigen Wörter, die nur aus 10 der Zeichen gebildet sind; das ergibt z.B. einen Dezimal-Code mit n=12 Stellen und mindestens $10^{12}/121$ Wörtern, d.h. mehr als 8-Milliarden. Durch Weglassen von Stellen nach dem Vorbild von Beispiel 6 kann man daraus kleinere Codes mit geringerer Stellenzahl herstellen!

9. Beispiel für einen fehlerfindenden Code: Nimmt man alle 5-stelligen Dualzahlen mit keiner, genau zwei oder genau vier Einsen, erhält man einen 5-stelligen Dualcode aus N=16 Wörtern mit Hammingabstand =2, der also einfache Fehler finden (aber nicht korrigieren) kann; dies Verfahren läßt sich leicht auf alle ungeraden Stellenanzahlen ausdehnen.

10. Beispiel für einen Code mit verschiedenen langen Code-Wörtern: Will man die verschiedenen Codewörter fortlaufend hintereinander schreiben (senden, übertragen ...), so entsteht keine grundsätzliche Schwierigkeit bei Verwendung der bisherigen immer gleichlangen Codewörter (allerdings: ein einziger Fehler durch Weglassen eines Zeichens etwa bedingt, daß alles weitere falsch wird!). Dies wird anders, wenn man verschieden lange Zeichen verwenden will: verwendet man etwa die folgenden Code-Wörter (N = 6; a = 2)

0 0 0
0 0 1
0 1 0
0 1 1 0
0 1 1 1 0
0 1 1 1 1

so entsteht, wie man sieht, keine grundsätzliche Ableseschwierigkeit dieser Art, weil kein Codewort Anfangsstück eines anderen ist. Codes mit dieser Ablesebedingung lassen sich immer angeben, wenn für die Längen n_i des i-ten Codewortes die Bedingung gilt:

$$\sum_{i=1}^{N} a^{-n_i} \leq 1$$

11. Beispiel für die Verwendung verschieden langer Code-Wörter bei bekannten Wahrscheinlichkeiten für das Auftreten der Nachrichten:

Ist bekannt, daß die Nachricht i mit der Wahrscheinlichkeit p_i vorkommt, so ergibt sich als Erwartungswert für die Länge des Stellenverbrauchs (mittlere Codewortlänge) der Ausdruck $\sum_{i=1}^{N} p_i n_i$.

Unter Wahrung der Ablesebedingung versucht man diesen zu minimieren und erhält für das Minimum eine untere Schranke durch den Ausdruck ("Entropie")

$$H(p_i \ldots p_N) = \sum_{i=1}^{N} p_i \log \frac{1}{p_i} ,$$

dem man sich nach Vorbild der Mittelung von Beispiel 2 beliebig nähern kann, so daß dieser als Informationsmaß verwendet werden kann.

Es gibt übrigens (ohne Mittelung) immer einen die Ablesebedingung erfüllenden Code, für den die mittlere Codewortlänge höchstens um eines größer als H ist.

Ergänzungen: 1. Bei den Beispielen sind keine anderen Fehlerarten zugelassen worden, als Verfälschen einiger (meistens nur einer) Stelle; praktische Bedeutung haben aber auch andere Fehler, insbesondere Vertauschen von Stellen und Weglassen von Stellen !

2. Bei Betrachtung von Beispiel 1 sieht man, daß häufig ähnlichscheinende, aber andersartige Aufgaben auftreten: die Zulassung von mehreren auf einer Karteikarte zu lochenden Krankheiten; trägt man einfach mehrere Krankheiten nach dem hier behandelten Code durch Überlagern ein, entsteht keine eindeutige Entzifferbarkeit mehr, und völlig andere Gesichtspunkte müssen für die Theorie herangezogen werden !

3. Der Fall unendlich vieler möglicher Nachrichten wird durch die aus dem täglichen Leben bekannte Approximation auf den Fall endlich vieler Nachrichten zurückgeführt: durch Abrunden und beschränkte Genauigkeit der Beschreibung (etwa: Größenangaben in ganzen Zentimetern).

4. Auch für den unter Beispiel 10 und 11 beschriebenen Fall von Nachrichten mit bekannten Wahrscheinlichkeiten werden Probleme der Übertragung in Kanälen mit Störungen, d.h. Zulassung gewisser Fehler, ausführlich behandelt; auch für die Fehler werden dann üblicherweise Wahrscheinlichkeiten (Übertragungswahrscheinlichkeiten des "Kanals") eingeführt; als Haupttheorem gilt dann die Berechnung einer theoretischen Übertragungskapazität des Kanals und ihre Deutung.

5. Die stochastische Theorie der Übertragungen behandelt auch Fälle von abhängigen (im stochastischen Sinne) Informationen, wie sie z.B. bei den aufeinanderfolgenden Buchstaben geschriebener Sprache vorkommen.

6. Weitere Gesichtspunkte in der Informationstheorie sind "Schwere eines Fehlers" (evtl.einseitige Änderungen besonders wichtig), verschieden aufwendige (etwa verschiedene Zeit beanspruchende, wie Strich und Punkt beim Morsen) Elementarzeichen, Mühe der Aufstellung und Benutzung der Code-Tabelle (insbesondere beim Entziffern) Universalität der Übertragungseinrichtungen, aus mehreren Informationsquellen und -Kanälen zusammengesetzte "kybernetische" Systeme.

Literatur:

Ash, R. B.: Information theory. New York-London-Sydney: Interscience 1965.

Feinstein, A.: Foundations of information theory. New York-Toronto-London: McGraw-Hill 1958.

Fey, P.: Informationstheorie. Berlin: Akademie-Verlag 1963/1966.

Meyer-Eppler, W.:Grundlagen und Anwendungen der Informationstheorie, Berlin-Heidelberg-New York: Springer 2.Aufl. 1969.

Peters, J.: Einführung in die allgemeine Informationstheorie. Berlin-Heidelberg-New York: Springer 1967.

Peterson, W. W.: Error correcting codes. Cambridge (Mass.) and New York: MIT Press and Wiley 1961. Deutsche Übersetzung: Prüfbare und korrigierbare Codes. München u. Wien: Oldenburg 1967.

Steinbuch, K. (Hrsg.): Taschenbuch der Nachrichtenverarbeitung. Berlin-Göttingen-Heidelberg: Springer 1962.

Wolfowitz, J.: Coding theorems of information theory. Berlin-Göttingen-Heidelberg: Springer 1961/1964.

Über maschinenlesbare Dokumentation medizinischer Sachverhalte

H.-J. Heite

Was verstehen wir unter dem in Deutschland üblichen Begriff "Dokumentation" und warum betreiben wir sie?

Die Dokumentation dient der Verstärkung unseres Gedächtnisses. Alles, was ich mir merken will und mit irgendeiner Methode fixiere oder niederlege, darf man als "Dokumentation" bezeichnen. Dazu gehört nicht nur das klartextliche Aufschreiben eines Sachverhaltes im Notizbuch, das im Terminkalender sogar eine Art Programmierung erfährt; dazu zählt auch das berühmte Knoten des Taschentuchs, der Strich auf dem Bierdeckel o.ä.. Bei den beiden letzten Beispielen begegnet uns bereits das Prinzip der Codierung oder Verschlüsselung. Ich muß festlegen und mir merken, woran mich denn der Knoten im Taschentuch erinnern soll ; bzw. was der Strich auf dem Bierdeckel bedeutet.

In der modernen technischen Entwicklung hat die Dokumentation ein besonderes Ziel dadurch erhalten, daß es seit einiger Zeit Geräte gibt, die die dokumentierte Information heraussuchen, vergleichen, auszählen, listenmäßig anordnen, kurz "bearbeiten" können. Das Ziel einer modernen Dokumentation besteht also darin, eine Information maschinenlesbar und maschinenbearbeitbar niederzulegen und zu speichern. Da solche Maschinen erst mit Einführung der sog. "Elektronik" leistungsfähig wurden, hat man von "elektronischer Datenverarbeitung"(=EDV) gesprochen, ein modernes Schlagwort, das jetzt allenthalben von sich reden macht.

Als erstes werden wir die technische Frage beantworten müssen, wie denn eine Information niedergelegt werden müsse, damit sie in eine EDV-Anlage, einen Computer,eingelesen und durch ihn bearbeitet werden könne. Hier sind im medizinischen Bereich 3 verschiedene Datenträger üblich geworden:

1. Die Maschinenlochkarte
2. Der Lochstreifen
3. Ein maschinenlesbares Anstreichformular, der sog. "Markierungsbeleg".

Es darf hervorgehoben werden, daß diese Datenträger sowie die Geräte, die diese Datenträger verarbeiten können, nicht für medizinische Zwecke konstruiert wurden, sondern für kommerzielle banktechnische Zielsetzungen; natürlich können diese Maschinen auch rechnen und können daher für bestimmte bisher nicht lösbare Aufgaben der Mathematik, theoretischen Physik usw. herangezogen werden.

Was diese Maschinen bearbeiten können,sind also nicht medizinische Informationen, sondern Löcher in Lochkarten, Lochkombinationen in Lochstreifen, Striche in Markierungsbelegen, die weiterhin in (vorhandene oder fehlende) Magnetisierungen auf Magnetbändern, Kernspeichern, Trommelspeichern usw. umgesetzt werden können.

Damit sind diese Maschinen für das, was der Arzt braucht, nur sehr limitiert verwendungsfähig. Der Arzt bräuchte eigentlich Maschinen, die morphologische Strukturen oder Bilder einlesen und bearbeiten können. Das ist aber eine bisher noch kaum gelöste Forderung der Medizin an die Computertechniker. Bereits ein Kind kann aus einer Strichzeichung erkennen, daß es sich um einen Mann handelt; bei näherem Hinsehen, daß es sich um einen alten Mann handelt; bei noch näherem Hinsehen, daß der Großvater dargestellt ist. Auch kann jedes Kind aus einer karikaturistischen Witzzeichung bekannte Personen des öffentlichen Lebens wiedererkennen. Die Forderung der Medizin bestünde darin, der Computertechniker möge uns Maschinen zur Verfügung stellen, die eine solche Analyse und das Wiedererkennen morphologischer Strukturen vollziehen kann. Dieses sog. "Image-Processing" benötigt aber, worauf die Computertechniker immer wieder hinweisen, sehr viel Speicherplatz; die heute dem Mediziner zur Verfügung stehenden Maschinen sind nicht im entferntesten darauf eingerichtet.

Statt diese Forderungen der Mediziner zu erfüllen, haben die Techniker von einer "Forderung des Computers an die Medizin" gesprochen, nämlich eine medizinische Information umzusetzen, umzumünzen in ein Loch auf der Lochkarte, einen Markierungsstrich auf dem Anstreichformular usw.. Das ist der Grund, weshalb man weniger von Informationsverarbeitung als von "Daten"-Verarbeitung in der Medizin spricht und in diesem Zusammenhang den Begriff "medizinische Daten" prägt. Dieser Begriff, der uns vom Studium und der praktischen Arbeit am Krankenbett kaum geläufig ist, muß daher zunächst definiert werden; man kann darunter folgendes verstehen:

> "Medizinische Daten sind durch alpha-numerische Code-Zeichen symbolisierte ("codefizierte", "verschlüsselte") medizinische Informationen".

Nicht die medizinische Information selbst, sondern das dafür stellvertretend im Computer gespeicherte Code-Zeichen wird bearbeitet. Man müßte eigentlich nicht von Datenverarbeitung, sondern von Codezeichen-Verarbeitung sprechen.

Sinn oder Unsinn der elektronischen Datenbearbeitung hängt also entscheidend davon ab, wie gut und wie schlecht die Codefizierung gelingt.

Ziel einer maschinellen Bearbeitung medizinischer Information ist in irgendeinem Sinne das Auszählen von Sachverhalten. Als erstes müssen wir uns daher mit den Voraussetzungen eines sinnvollen Zählens beschäftigen. Das Zählen hat zwei Aspekte, einen sachlogisch-begrifflichen, der entscheidet, ob ein einzelnes Element mitzuzählen ist oder nicht, also eine Auswahlentscheidung determiniert; ferner einen zahlenlogisch-arithmetischen Aspekt, der den ausgewählten Dingen eine der natürlichen Zahlen zuordnet. Als erstes muß man also die Zähleinheit, das statistische Einzelelement, auch "experimental unit" genannt, festlegen. Die Auswahlentscheidung über Mitzählen oder Nichtmitzählen muß reproduzierbar und konstant sein. D.h. verschiedene zählende Personen müssen die gleiche Auswahlentscheidung treffen. Aber auch wenn die gleiche Person auszählt, darf die Auswahlentscheidung nicht einer allmählichen Verschiebung und Verwerfung unterliegen; man muß heute die gleiche Auswahlentscheidung treffen wie in einem Jahr oder in mehreren Jahren.

Die Auswahlentscheidung über das Mitzählen oder Nichtmitzählen wird durch die verschiedensten Methoden der medizinischen Erkenntnisgewinnung determiniert. Dabei kann man 3 verschiedene Methoden der Erkenntnisgewinnung unterscheiden:

1. Gestaltbeschreibende (morphologische) Methoden,
2. Größen messende (metrische) Methoden,
3. Dinge oder Phänomene zählende (numerische oder statistische) Methoden.

Mit Hilfe dieser Methoden der Erkenntnisgewinnung kann man bei jeder Zähleinheit bestimmte Eigenschaften, sog. "Merkmale" erkennen. Die Zähleinheit wird also zum Merkmalsträger. Voraussetzung für eine brauchbare Verschlüsselung oder Codierung ist eine nähere Analyse der Merkmale. Früher hat man nur quantitative und qualitative Merkmale unterschieden. Es ist jedoch zweckmäßig, die Analyse etwas weiter zu treiben (s. Tabelle 1).

Tabelle 1

Analyse der Merkmale

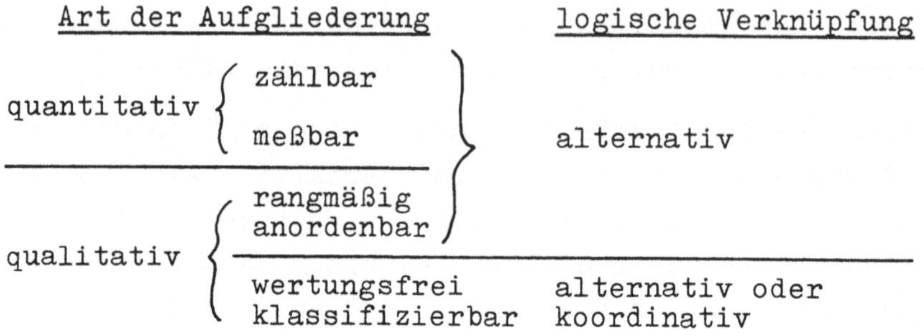

Von besonderer Bedeutung ist ferner die logische Verknüpfung der Merkmalsklassen untereinander. Während bei zählbaren, meßbaren und rangmäßig anordenbaren Merkmalen ihre Aufgliederungen sich gegenseitig ausschließen, braucht dies bei wertungsfrei klassifizierbaren Merkmalen nicht der Fall zu sein. Man kann nicht gleichzeitig 1,6o und 1,9o m groß sein; man kann nicht gleichzeitig Mann oder Frau sein; es sind dies Beispiele für eine alternative ("Entweder-Oder"-) Zuordnung der Merkmalsklassen. Wenn ich aber Menschen (als Merkmalsträger) unter dem Gesichtspunkt klassifizieren möchte, ob und welche Kinderkrankheiten sie durchgemacht haben, dann handelt es sich um eine koordinative ("Sowohl-als-auch"-) Verknüpfung, denn man kann natürlich sowohl Scharlach als auch Masern durchgemacht haben. Somit unterscheiden wir Alternativ- und Koordinativ-Schlüssel.

Die Art des Code-Zeichens hängt nun eng mit der Eigenschaft des Merkmals zusammen (Tabelle 2). Bei zählbaren Merkmalen kleineren Umfangs kann die Information nur als ganze positive Zahl vorliegen, in manchen Computer-Sprachen als "Festkommazahl" bezeichnet, wobei das Dezimalkomma nach der letzten Stelle unverrückbar fest zu denken wäre. Man wird hier stets die originale Zahl unvercodet dokumentieren. Auch diese Originalzahl ist letztlich als Code-Ziffer zu bezeichnen, denn die Ziffer allein vermittelt noch keinerlei Information; letztere erhält man erst durch eine "Entschlüsselungsanweisung", die aussagt, was denn gezählt worden sei.

Tabelle 2

Codierung und Merkmal

Eigenschaft des Merkmals	Information liegt vor als	Art des Code-Zeichens
zählbar	Festkomma-Zahl (diskret springend)	Original-Zahl
meßbar	Gleitkomma-Zahl (kontinuierlich variierend)	Abrundungs-Zahl (mit Definition des Maßstabes)
rangmäßig anordenbar	Nummer der Rangklasse	Ziffern oder Buchstaben in größenmäßiger Reihung
wertungsfrei klassifizierbar	beliebiges Klassenkennzeichen	rein formale willkürliche Zuordnung

Meßbare Merkmale sind Quotienten, bei denen im Zähler die gemessene Größe und im Nenner die Standard- oder Vergleichsgröße steht. Meßwerte sind also grundsätzlich gebrochene Zahlen, die kontinuierlich alle Größenwerte annehmen können, und bei denen man überlegen muß, bis zu welcher Stellenzahl eine Angabe sinnvoll ist und an welcher Stelle man abrunden muß.

Bei rangmäßig anordenbaren Merkmalen kann ich beliebige Code-Ziffern oder auch Code-Buchstaben zuordnen, sofern die Bedingung erfüllt ist, daß diese Code-Zeichen in eine Rangordnung gebracht werden können, also wie etwa die Schüler einer Klasse der Größe nach anzutreten vermögen. Bei der Art, wie in einer Lochkarte Buchstaben symbolisiert werden, kann man sagen, daß $A < B < C\ldots$ ist. Daher kann man für eine rangmäßige Anordnung auch alphanumerische Code-Zeichen benutzen.

Nur bei wertungsfrei klassifizierbaren Merkmalen ist die Zuordnung von Codezeichen rein formalistisch, wie die Telefonnummer eines Fernsprechteilnehmers oder die Zulassungsnummer zu einem Auto. Telefonnummer und Zulassungsnummer stehen selbstverständlich in keinerlei Beziehung zu den Eigenschaften des Telefonbesitzers oder des Autos.

Bei zählbaren Merkmalen wird man die Originalzahl dokumentieren. Ich warne dringend davor, einzelne Zählergebnisse zu grob kategorisierenden Klassen zusammenzufassen und die Klasse mit einem Codezeichen zu belegen. Wollte man beispielsweise die Zahl der Geburten dokumentieren und bei einer Untersuchung über Vielgebärende auch höhere Geburtenzahlen berücksichtigen, dann ist es besser, man stellt 2 Lochkartenspalten bereit, um auch eine zweistellige Originalzahl der Geburten ablochen zu können. Das Einsparenwollen einer Lochkartenspalte mit Gruppenbildungen wie

keine Geburt,
1 - 3 Geburten
4 - 6 Geburten
7 - 9 Geburten
1o -12 Geburten
usw.

ist mit einer hohen Fehlerquote behaftet und sollte unter allen Umständen vermieden werden. Außerdem verzichtet man hierbei unnötigerweise auf eine detailliertere Information.

Das gleiche gilt auch für meßbare Daten, bei denen ebenfalls stets die Originalzahl dokumentiert werden soll. Die Versuchung ist hier noch größer, wenn man z.B. bedenkt, daß die Verschlüsselung der Blutkörperchensenkungsgeschwindigkeit 6 Spalten benötigt, da ja sowohl der Ein- wie auch der Zwei-Stundenwert in Extremfällen über 1oo mm ansteigen kann. Hier ist man sehr geneigt, 5 Spalten einzusparen und nur etwa folgende 4 Klassen mit Codezeichen zu belegen:

normale,
leicht erhöhte,
stark erhöhte
und maximale Blutsenkungen;

dann benötigt man nur eine Spalte. Aber auch hier warne ich dringend vor einem Verzicht auf Information, nur um einige Lochkartenspalten einzusparen.

Bei Meßdaten muß sorgfältig der Stellenwert überlegt werden. Eine spätere Formatüberschreitung kann Schwierigkeiten bringen.

Dies sei am Beispiel der Tabelle 3 erläutert: für die Leukozytenzahl seien 3 Spalten vorgesehen, je eine für die 1o-Tausender, Tausender und Hunderter. Wenn jetzt nach längerer Benutzung dieses Schlüssels ein Leukämiker im Krankengut auftritt, der über Hunderttausend Leukozyten hat, dann gibt es 3 Lösungsmöglichkeiten für diese Formatüberschreitung:

1. Verzicht auf Information: mit 998 werden alle Leukozytenzahlen über 99 8oo verschlüsselt.
2. Benutzung der Überlöcher: das 11-er Überloch kennzeichnet alle Zahlen über Hunderttausend.
3. Für die 4. Stelle, die Hunderttausender, wird eine freigelassene Reservespalte am Ende der Lochkarte bereitgestellt.

Tabelle 3

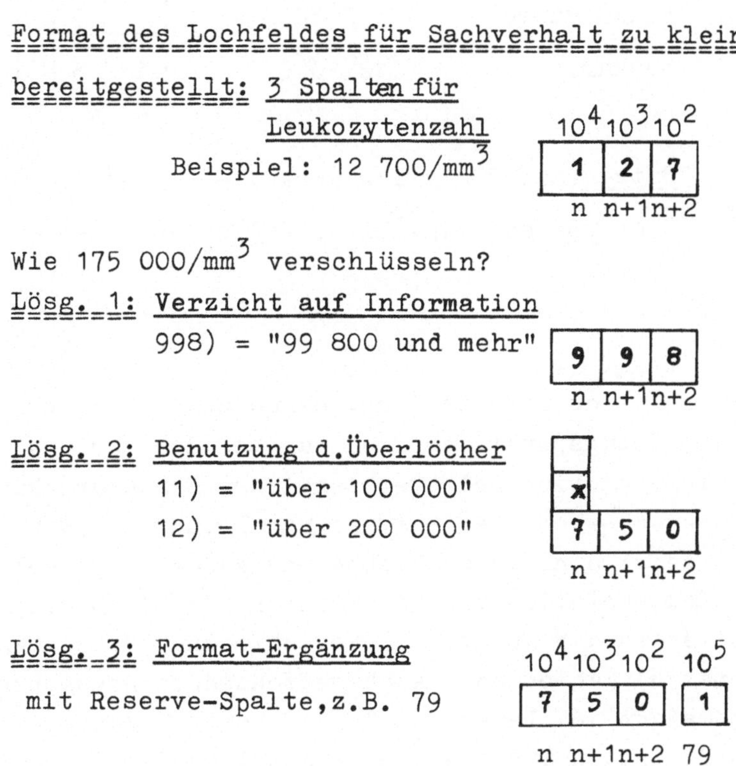

Lösung 3) ist am empfehlenswertesten, zumal man später beim Doppeln der Lochkarten ein Versetzen der benutzten Spalten durchführen (sog. spaltenversetzt Doppeln) und weit auseinanderliegende Spalten eines Lochfeldes wieder zusammenführen kann. Man kann aber auch von vornherein Zahlenbetrag und Zehnerpotenz getrennt verschlüsseln und erhält z.B. für die Leukozyten (Tabelle 4) einen sehr weiten Dokumentationsbereich, der von der extremen Agranulozytose bis zur Leukämie reicht.

Tabelle 4

Dokumentation von Leukozytenzahlen

Beispiel	Anzahl/mm^3	Verschlüsselung n	n+1	n+2
Agranulozytose	510	5	1	1
"normal"	5 100	5	1	2
Leukozytose	12 700	1	3	3
Leukämie	127 000	1	3	4

Betrag(auf 2 Stellen genau) → n, n+1

Zehnerpotenz(=Anzahl d. Nullen) → n+2

Bei Meßwerten ist es erforderlich, einen einheitlichen Maßstab und einheitlichen Bezugspunkt, von dem man bei der Messung ausgeht, zu benutzen. Diese an sich selbsverständliche Forderung kann z.B. bei anamnestischen Angaben über Zeitspannen leicht ins Wanken geraten. Tabelle 5 a zeigt eine ungeschickte und auswertungstechnisch umständliche Dokumentation von Zeitspannen. Man kann nicht verhindern, daß die Patienten die Angaben in verschiedenen Maßstäben (Tagen, Wochen, Monaten) machen oder auch verschiedene Bezugspunkte benutzen, z.B. "seit meinem 16. Lebensjahr" oder "seit 3 Jahren". Die Originalangabe des Patienten muß also umgerechnet werden (Tabelle 5 b), wobei beide Bedingungen leicht erfüllbar werden. Zweckmäßig ist die Benutzung des Monats als Zeiteinheit; berücksichtigt man nämlich Zehntel-Monate, ungefähr = 3 Tage, so kann man eine Woche mit o,2 Monaten, 14 Tage mit o,5 Monaten approximieren und Zeitspannen bis zu 7o Jahren und mehr mit 9oo und mehr Monaten in einheitlichem Maßstab überspannen.

Tabelle 5a

falsch:

Zeitspanne

Angabe in welcher Einheit? 1) = Tage
(zutreff. unterstreichen!) 2) = Wochen
3) = Monate ☐
4) = Jahre

angegebene Anzahl
der Einheiten: ____________ ☐☐☐

Tabelle 5b

richtig:

Zeitspanne
Originalangabe des Patienten____

Monate 1/10

umgerechnet in Monate
(ggf. auch Zehntel-Monate):_____ ☐☐☐ ☐

Während man also Meßwerte niemals in grob kategorisierende Klassen unterteilen soll, kann es umgekehrt notwendig sein, konventionelle, grob kategorisierende Angaben in ungefähre Zahlenwerte umzusetzen. Daß ein solcher Versuch des Umsetzens von sicht- und testbaren Tumorgrößen in Zahlenwerte niemals ganz befriedigen kann (Tabelle 6) ist ohne weiteres klar.

Tabelle 6

Größe des Herdes:

Klassifizierung:

1) = 2 mm Buntstecknadelkopf
2) = 3-5 mm Linse
3) = 6-9 mm Erbse
4) = 1-2 cm Bohne
5) = 2-3 cm Markstück
6) = 3-4 cm 5-Markstück
7) = 4-6 cm Kinderhandteller
8) = über Handteller

Bei anordenbaren Merkmalen ist es wichtig, von vornherein zwischen einer einseitigen und doppelseitigen Rangordnung zu unterscheiden. Beispiele für eine einseitige Rangordnung bringt Tabelle 7. Hierbei ist der negative Ausfall einer Untersuchung mit der mnemotechnisch naheliegenden Null symbolisiert und der zunehmend positive Ausfall der Reaktion mit ansteigenden Zahlen codefiziert. Der Schlüssel enthält aber einen grundsätzlichen Fehler, indem ein Kreuz mit der "2", zwei Kreuze mit der "3" codefiziert wurden. Dies führt allzu leicht zu Übertragungs- und Verschlüsselungsfehlern. Wenn es sachlogisch gerechtfertigt ist, die zweifelhaften Ergebnisse abzusondern, möchte ich empfehlen, dafür eine andere Schlüsselziffer, etwa die "7" oder die "8" zu benutzen.

Tabelle 7

Schlüsselbeispiel für einseitige rangmäßige Gliederung

0) = negativ
1) = zweifelhaft
2) = +
3) = ++
4) = +++

Tabelle 8

Schlüsselbeispiel für zweiseitige rangmäßige Gliederung

Code Ziffer	3 Klassen	5 Klassen	7 Klassen	
1) =			auffallend	
2) =		erheblich	deutlich	
3) =	schlechter	mäßig	wenig	schlechter
4) =	unverändert	unverändert	unverändert	
5) =	besser	mäßig	wenig	besser
6) =		erheblich	deutlich	
7) =			auffallend	

Tabelle 8 bringt Beispiele für eine 2-seitige rangmäßige Aufgliederung. Die mittlere oder Null-Klasse, hier mit "unverändert" bezeichnet, symbolisiert man zweckmäßigerweise durch die Code-Ziffer "4". Wir werden weiter unten sehen, daß man die Codeziffer "Null" nicht immer frei benutzen kann, da manchmal Schwierigkeiten auftreten gegenüber dem Begriff "blank" (= keinerlei Lochung in der betreffenden Lochkartenspalte). Auch die "8" und die "9" wird man gerne reservieren für noch zu besprechende "nicht-positive" Aussagen. Von den beiden Extremen "Null" und "9" ist die "4" ausreichend weit entfernt,so daß man wahlweise 3 oder 5 oder 7 Rangklassen benutzen kann.

In früheren Zeiten hat man sich bemüht, Lochkartenspalten zu sparen, Tricks und Kniffe sich auszudenken, um die Kombination von 2 rangmäßig gestuften Untersuchungsergebnissen in einer Lochkartenspalte unterzubringen (Tabelle 9.). Ordnet man der Reaktion A die Code-Ziffern o,1 und 2, der Reaktion B die Code-Ziffern o, 3, 6 zu, so kann man durch die Codeziffer -Summen alle möglichen Ergebniskombinationen symbolisieren. Die spätere Auswertung wird aber unnötig kompliziert,so daß es viel besser ist ,2 einspaltige Schlüssel zu benutzen als einen einspaltigen Kombinationsschlüssel. Ich warne ausdrücklich vor solchen Patentlösungen, die aus einer Ära stammen, in der man als einzige Auswertungsmaschine die Sortiermaschine benutzte. Damals war man gezwungen, möglichst nur mit <u>einer</u> Lochkarte auszukommen und diese mit allerlei Kunstgriffen bis zum Letzten auszunutzen. Solche Verschlüsselungspraktiken kann man als überholt bezeichnen.

Tabelle 9

<u>Kombination von zwei 3-stufigen Ergebnissen</u>

(1-2-3-6-Schlüssel)

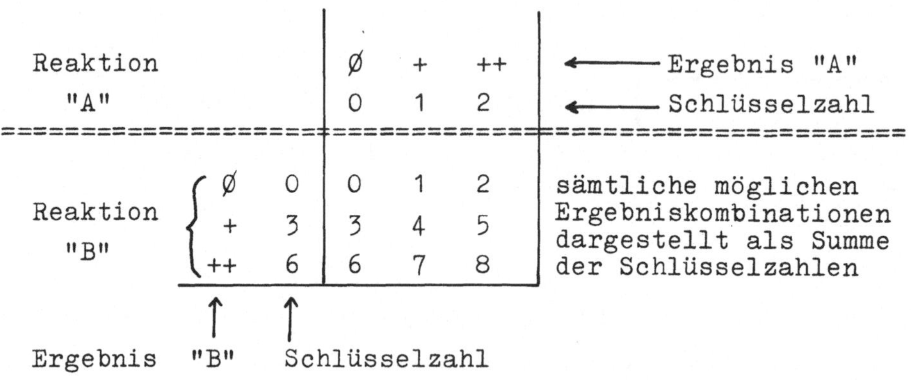

Reaktion "A"			Ø	+	++	← Ergebnis "A"
			0	1	2	← Schlüsselzahl
Reaktion "B"	Ø	0	0	1	2	sämtliche möglichen Ergebniskombinationen dargestellt als Summe der Schlüsselzahlen
	+	3	3	4	5	
	++	6	6	7	8	
	↑ Ergebnis "B"	↑ Schlüsselzahl				

Bei der Dokumentation wertungsfrei klassifizierbarer Merkmale kann man nur wenig allgemeine Regeln aufstellen. Eine der wichtigsten ist, daß man mnemotechnisch ansprechende Codezeichen benutzen soll. Bei der Verschlüsselung des Geschlechts ist es daher empfehlenswert, die spitze agressive "1" dem männlichen und die mehr rundliche und freundliche "2" dem weiblichen Geschlecht zuzuordnen. Eine solche mnemonisch naheliegende Zuordnung prägt sich leicht dem Gedächtnis ein, was sich zeit- und fehlersparend auswirkt.

Wichtig ist ferner die Überlegung, ob eine koordinative oder alternative logische Verknüpfung der Merkmalsklassen vorliegt, ob also ein Koordinativ- oder Alternativ-Schlüssel am Platze ist. Bei Koordinativ-Schlüsseln existieren aus früherer Zeit überholte Empfehlungen, die in Tabelle 10 beispielhaft gezeigt sind. 8 verschiedene Kinderkrankheiten und eine 9. "sonstige Kinderkrankheit" hat man versucht,in nur 3 Spalten durch die jeweiligen Summen der Codeziffern 1, 2 und 4 zu dokumentieren. Auch hiervon möchte ich abraten.

Tabelle 10

9 koordinative Begriffe in 3 Spalten
(Beispiel: Kinderkrankheiten)

Krankheit mit Schlüsselzahl
(Zutreff. unterstreichen!)

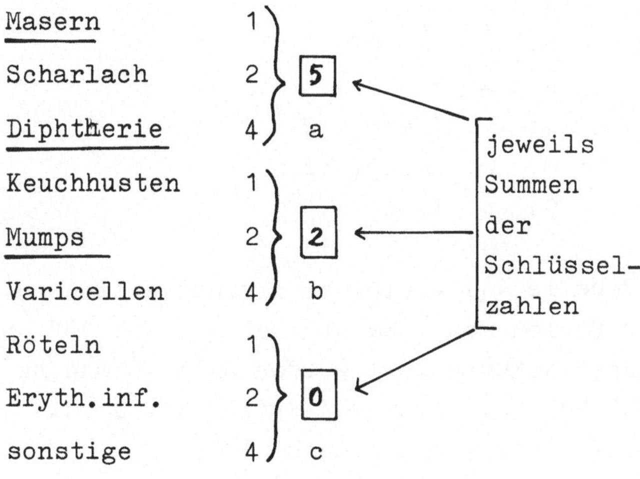

Beispiele für Selektier-Anweisung
Masern: Spalte a: 1+3+5+7
Mumps: Spalte b: 2+6+7

Ich würde heute empfehlen, für jede Krankheit eine Lochkartenspalte bereitzustellen, das Vorhandensein der Krankheit mit "1", das Fehlen der Krankheit mit "0" zu symbolisieren.

Tabelle 11

1-2-4-Schlüssel

(allgemein)

0) = ohne Befund
1) = A
2) = B
3) = A + B
4) = C
5) = A + C
6) = B + C
7) = A + B + C
8) = sonst. Bf.
9) = f. A.

Der 1-2-4-Schlüssel (Tabelle 11) bietet sich nicht selten an, wenn das Vorhandensein oder Fehlen von 3 Sachverhalten "A", "B" und "C" sowie ihrer Kombinationen dokumentiert werden soll. Man hat in den Codeziffern "A", "8" und "9" noch genügend Spielraum für die weiter unten besprochenen nicht-positiven Aussagen.

Tabelle 12

1-2-4-Schlüssel

f.Therapie maligner Tumoren

0) = keine Therapie
1) = Operation
2) = Rö.-Bestrahlung
3) = Operation + Rö.-Bestrahlung
4) = cytostatische Therapie
5) = Operation + cytostat. Ther.
6) = Rö.-Bestrahlung + cytostat. Ther.
7) = Operation + Rö.-Bestrahlung + cytostatische Therapie
8) = sonstige Behandlung
9) = f. A.

Ein solcher Schlüssel ist z.B. empfohlen worden bei der Dokumentation der Therapie maligner Tumoren (Tabelle 12). Hierbei sind bekanntlich 3 Therapieformen und deren Kombinationen möglich: die Operation, die Röntgenbestrahlung und die cytostatische Therapie.

Tabelle 13

Derzeitiger Krankheitstrend:

0) = keine Änderungstendenz

1) = Rückbildungs-Tendenz

2) = Vergrößerung/Konfluieren bestehender Herde

3) = Herdvergrößerung an einer, Rückbildung an anderer Stelle

4) = Langsames Auftreten neuer Herde

5) = neue Herde an einer, Rückbildung an anderer Stelle

6) = Vergrößerung alter und Bildung neuer Herde

7) = Aussaat neuer Herde an vielen Körperstellen

8) = Aussaat an einer, Rückbildung an anderer Stelle

9) = sonstiger Krankheitstrend

Auch verschiedene Kombinationen von Krankheitstrends (Tabelle 13) kann man anhand des 1-2-4-Schlüssels codefizieren. Hierbei können Kombinationen der Rückbildungstendenz ("1"), der Vergrößerung bestehender Herde (= "2") und das Auftreten neuer Herde (= "4") vorkommen. Man soll aber nicht unter allen Umständen exakt "spektralreine" (d.h. in der Gliederung logisch-einheitliche) Schlüssel konstruieren, die in der praktischen Benutzung dann keine Besetzungszahlen aufweisen. So ist auch der Schlüssel in Tabelle 13 nicht streng spektralrein, aber praktisch brauchbar.

Grundsätzlich aber soll man heute solche Kombinationsschlüssel nicht benutzen, sondern jedem Sachverhalt eine Lochkartenspalte zuordnen, auch wenn man von dieser Lochkartenspalte nur 2 Codeziffern für "ja" und "nein" ausnutzt.

Viele wertungsfrei klassifizierbaren Merkmale, insbesondere solche morphologischer Natur wie histologische Präparate, Röntgenaufnahmen usw. sind nicht im Sinne einer Befunddokumentation auf einen maschinellen Datenträger zu übertragen. Die Verschlüsselung der medizinischen Information setzt zunächst eine Beurteilung voraus, die die Einordnung in zuvor definierte Urteilsklassen ermöglicht (Tabelle 14).

Tabelle 14

Einzelschritte bei der Dokumentation qualitativer Merkmale

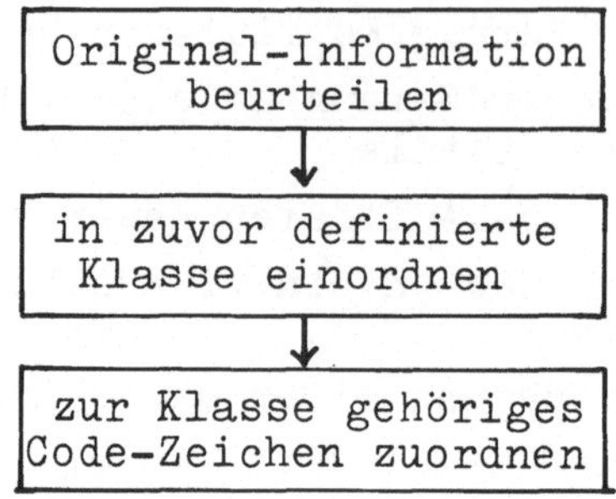

Diesen Urteilsklassen, nicht dagegen dem morphologischen Befund selbst, ist dann ein zweckmäßiges Codezeichen zuzuordnen. Es ist wichtig und bedeutungsvoll, daß man sich diese aufgeführten 3 Einzelschritte bei der Dokumentation von wertungsfrei klassifizierbaren Merkmalen vor Augen hält. Die Güte und maschinelle Bearbeitbarkeit einer solchen Dokumentation steht und fällt mit der Reproduzierbarkeit und Treffsicherheit der Klasseneinordnung. Hier ist die große Gruppe der sog. "weichen Daten" zu finden, bei denen verschiedene Untersucher (oder auch gleiche Untersucher zu verschiedenen Zeiten) gelegentlich eine unterschiedliche Bewertung und Klassenzuordnung vornehmen. Hier erreicht man schnell die Grenzen einer sinnvollen Dokumentation. Man wird sich daher bemühen -- dieser Trend ist unverkennbar in der Medizin --, diese weichen,durch einen in der Beurteilung weiten Ermessungsspielraum gekennzeichneten,Daten durch härtere, von einem Ermessensurteil freie, zahlenmäßig faßbare Daten zu ersetzen.

Tabelle 15

Logische Gliederung nichtpositiver Aussagen über eine Untersuchung

1. Negatives Ergebnis: Frage verneint, o.B.	Ø
2. Fehlende Angabe: nicht gefragt/untersucht unbekannt,ob gefragt/untersucht	f.A. n.u. f.I.
3. Nicht betroffen: Frage/Untersuchung entfällt	n.b.

Ein weiteres Problem bildet die Dokumentation sog. "nicht-positiver Aussagen" (Tabelle 15). Daß man die Verneinung einer Frage oder ein "negatives Ergebnis" exakt trennen muß von einer "fehlenden Angabe" oder von dem Sachverhalt "Frage sinnlos" bzw. "nicht betroffen", ist ohne weiteres einleuchtend. Am Beispiel der Geburtenzahl wird dies besonders deutlich. Es ist naturgemäß ein großer Unterschied, ob eine Frau überhaupt nicht geboren hat, ob eine Angabe über etwaige Geburten fehlt oder ob es sich um einen Mann handelt, bei dem die Frage zu stellen sinnlos ist. Nicht selten wird aber der Fehler gemacht, daß man nicht betroffene Personen (bei denen eine positive Aussage gar nicht möglich ist) in die gleiche Gruppe einreiht wie Personen, bei denen eine positive Aussage nicht vorliegt, obwohl sie möglich wäre. Das verfälscht aber in fundamentaler Weise die statistische Aussage.

Bei der "fehlenden Angabe" (allgemein übliche Abkürzung "f.A.") ist es manchmal zweckmäßig zu unterscheiden, ob man weiß, daß eine Untersuchung nicht durchgeführt wurde; oder ob eine Information über Durchführung oder Nicht-Durchführung der Untersuchung gänzlich fehlt. Dies wird von Sachverhalt zu Sachverhalt im einzelnen zu entscheiden sein.

Man wird fragen, ob es nicht eine bequeme Erinnerungsstütze für alle diese vielfältigen Regeln gibt,wenn man darangeht, im Rahmen eines gezielten Dokumentationsvorhabens eine Anzahl von Sachverhalten in medizinische Daten umzumünzen. Für den eigenen Bedarf meiner Mitarbeiter habe ich ein Verschlüsselungsformular (Tabelle 16) entwickelt, das sich seit einigen Jahren leidlich bewährt hat.

In der ersten Zeile ist der zu dokumentierende Sachverhalt aufgeführt. Die 2. Zeile legt fest, anhand welcher Merkmale dieser Sachverhalt erfaßt werden soll. Dabei kann es durchaus sein, daß ein Sachverhalt nicht anhand <u>eines</u>, sondern erst anhand <u>vieler</u> Merkmale treffend gekennzeichnet werden kann. Das beste Beispiel hierfür ist vielleicht die konventionelle klinische Beschreibung eines Hauttumors. Sehr verschiedene logische Gesichtspunkte -- auch Dimensionen oder Achsen genannt -- sind erforderlich, um den Tumor in seiner Gesamtheit treffend zu erfassen. Genannt seien die Lokalisation, die Größe, die Oberflächenbeschaffenheit, die Konsistenz und die Beziehung zu Nachbarorganen (z.B. verschieblich gegenüber der Unterlage oder verbacken mit der Haut.) Hier wären es also 5 verschiedene logische Gesichtspunkte, d.h. 5 verschiedene Merkmals-Kategorien, mit Hilfe derer die Zähleinheit Hauttumor ausreichend befriedigend beschrieben werden kann.

Tabelle 16

1) Zu dokumentierender Sachverhalt:	
2) Erfaßt mittels welchen Merkmals:	
3) Art der Merkmalsaufgliederung:	
(z) zahlenmäßig: kleinste, größte Zahl, Genauigkeit | (r) rangmäßig: Abstufung, Klassenzahl | (k) rangfrei: alternativ. koordinativ. Kombination hierarchisch, Abstufung, Klassenzahl	
Prüfen, ob spez. Codes nötig für: negatives Ergebnis = nE	
nicht untersucht/erfragt = nu, ?, ob untersucht/erfragt = fI } = fA	--------------------
entfällt/nicht betroffen = nb	
Format des Lochfeldes (Zahl benötigter Spalten):	
4) zugeteilte Spaltennummern:	
für jede einzelne Spalte: zugelassene Codezeichen:	
für jede einzelne Spalte: falsche Codezeichen:	
für jede einzelne Spalte: unwahrscheinl. Codezeichen:	
5) unmögliche Kombinationen (sog. "Inkompatibilitäten"):	
unwahrscheinliche Kombinationen (sog. "Inplausibilitäten"):	

Unter Position 3) ist die Art des Merkmals festlegt, ob es zahlenmäßig, rangmäßig oder rangfrei aufgegliedert ist. Ggf. ist das Format (größte und kleinste Zahl mit Genauigkeits-Angabe), die Abstufung und Klassenzahl festzulegen. Bei den rangfreien Merkmalen ist ferner eine Entscheidung darüber zu fällen, ob ein Alternativ-, Koordinativ-, Kombinations- oder hierarchischer Schlüssel konstruiert werden muss.

Ferner ist zu prüfen, welche der oben näher erläuterten "nicht-positiven Aussagen" vorkommen können oder denkbar sind, ferner ob und welche Codezeichen dafür vorgesehen werden müssen.

Zum Schluß wird das Format des Lochfeldes, d.h. die Zahl der für dieses Merkmal benötigten Spalten festgelegt.

Unter Position 4) werden die zugeteilten Spaltennummern im Rahmen des gesamten Dokumentationsvorhabens festgelegt. Bei diesem Stand des Schlüsselbaus ist es zweckmäßig, sofort in getrennten Zeilen des Schlüsselbauschemas die zugelassenen Code-Zeichen, die falschen Codezeichen und die unwahrscheinlichen (wenn auch naturwissenschaftlich nicht gänzlich unmöglichen) Codezeichen einzeln aufzuführen. Dies dient der notwendigen Kontrolle, auf die noch eingegangen werden muß.

Tabelle 17

Gesamt-Mengen M aller Code-Ziffern pro Spalte

$\{0,1,\ldots,9\} = 10$

$\{0,1,\ldots,9,\text{"blank"}\} = 11$

$\{Y,X,0,\ldots,9\} = 12$

$\{Y,X,0,\ldots,9,\text{"blank"}\} = 13$

Code unterteilt Menge M aller Code-Zeichen in Teilmenge R (= zugelassene Lochungen) und Komplementärmenge F (= falsche Lochungen)

Bei Benutzung der Lochkarte als Datenträger ist zu entscheiden, welche der denkbaren Code-Ziffern zur Benutzung zugelassen werden sollen (Tabelle 17). Je nach zu benutzenden Auswertungsmaschinen muß man sich entscheiden, ob die Überlöcher X, Y mitgenutzt werden sollen oder nicht; gleiches gilt für den Begriff "blank", dessen Unterscheidung von der Ziffer "0" bei manchen Maschinen gar nicht oder nur mit ungewöhnlichem Aufwand möglich ist. Der Code unterteilt die Menge M aller Codeziffern in die Teilmenge R (= zugelassene Codeziffern) und die Komplementärmenge F (= nicht vorgesehene, also falsche Codeziffern). Für die Durchführung eines maschinellen Kontrollprogramms ist es daher erforderlich, für jedes Lochfeld die richtigen und die falschen Codezeichen aufzuführen.

Unter Position 5) sind noch unmögliche Kombinationen (sog. "Inkompatibilitäten") zwischen 2 oder mehr Merkmalen und auch unwahrscheinliche Merkmalskombinationen (sog. "Inplausibilitäten") aufgeführt. Inkompatibel sind z.B. geschlechtsgebundene Merkmale wie Menarche und Geburten bei Männern oder für das männliche Genitale typische Krankheiten bei Frauen. "Inplausibel" ist z.B. die Kombination zwischen dem Familienstand "verheiratet" und dem Beruf "katholischer Priester". Es gibt zwar in seltenen Ausnahmefällen einen verheirateten Priester; es ist aber wahrscheinlicher, daß es sich um einen Dokumentationsfehler handelt. Bei Durchmusterung der gesamten, in einem Dokumentationsvorhaben enthaltenen Sachverhalte gelingt es mit Phantasie und Weltoffenheit sehr leicht, eine Fülle von Inkompatibilitäten und Inplausibilitäten herauszufinden, die man als Programm in eine EDV-Anlage eingeben kann, um auf diese Weise eine maschinelle Fehlersuche durchzuführen.

Tabelle 18

Schema eines Dokumentationsplanes

Klinik-Nummer
Job-Nummer

I-Daten
(Karten-Nummer)

Ziel-Daten
Einfluß-Daten
Stör-Daten
Kontroll-Daten

(laufende Nummer
der Zähleinheit)

Bei der Durchführung eines Dokumentationsvorhabens ist die Einhaltung eines bestimmten Planes empfehlenswert (Tabelle 18). Zunächst ist wichtig, daß eine herausgefallene Lochkarte identifiziert werden kann. Infolgedessen soll man die Kliniks- oder Institutsnummer wie auch die Nummer des Dokumentationsvorhabens (Job-Nr.) in den ersten Lochkartenspalten ablochen. Dann benötigen wir die Identifikations-

Daten für die Zähleinheit. Bei Patienten bietet sich die Krankenblatt-Nummer, ergänzt durch den jeweiligen Jahrgang, an. Darüberhinaus hat man versucht, eine sog. "I-Nr." zu konstruieren. Diese besteht aus dem Geschlecht, dem konventionellen Geburtsdatum (6-stellig), einem 2-stelligen Schlüssel des Namens und der Mehrlingseigenschaft. Die Konstruktion dieser I-Nummer ging von der Vorstellung aus, daß diese bei einem bewußtlosen Patienten aus Personalausweis, Führerschein usw. rekonstruiert werden kann. Man soll dann später in der Lage sein, durch Anfrage bei einer EDV-Anlage zu prüfen, ob ein Patient bekannt ist und ob bestimmte Gefährdungen wie Diabetes, Antikoagulantien-Therapie, Anfallsleiden und Allergien usw. bekannt sind.

Als nächstes ist noch die Karten-Nummer zu berücksichtigen, falls für eine Zähleinheit mehr als eine Lochkarte erforderlich wird.

Welche weiteren Sachverhalte in den Dokumentationsplan aufzunehmen sind, hängt von der Fragestellung ab. Man muß dabei unterscheiden die Zieldaten, die das Kriterium darstellen, anhand derer ich einen vorhandenen oder fehlenden Einfluß prüfen und nachweisen möchte. Weiterhin sind natürlich die Einflussgrössen und ihre Daten selbst zu dokumentieren.

Ich muß mich aber auch gegen unbeabsichtigte Einflüsse absichern, die man als "Stördaten" bezeichnen kann. Schließlich kann es zweckmäßig sein, beim Schlüsselbau eine Reihe von sachlich nicht sonderlich interessierenden Daten einzufügen, die aber die maschinelle Richtigkeitskontrolle erleichtern und ergänzen.

Zum Schluß kann es zweckmäßig sein, nach Abschluß der Datensammlung, nachdem die Zahl der Zähleinheiten für eine Auswertung endgültig feststeht, allen Zähleinheiten eine durchlaufende Nummer zuzuteilen.

Es bleibt noch zu überlegen, welchen Datenträger man verwendet. Blenden wir noch einmal zurück zum Ausgangspunkt unserer Darlegungen (Tabelle 19). Eine medizinische Situation kann klartextlich in einem Krankenblatt oder einem Befundzettel dokumentiert werden. Ein solches Protokoll ist nur durch Menschen lesbar. Münzt man dagegen diese klartextliche Information in alpha-numerische Codezeichen um,-- diesen Vorgang nennt man "Datenfassung" -- so kann man diese Daten maschinenlesbar durch Einlesen in einen Datenträger konservieren. Als wesentlichste Datenträger seien die Lochkarte, der Lochstreifen und ein maschinenlesbares Anstreichformular erwähnt.

Tabelle 19: Der Vorgang der Datenerfassung bei 3 verschiedenen Datenträgern.

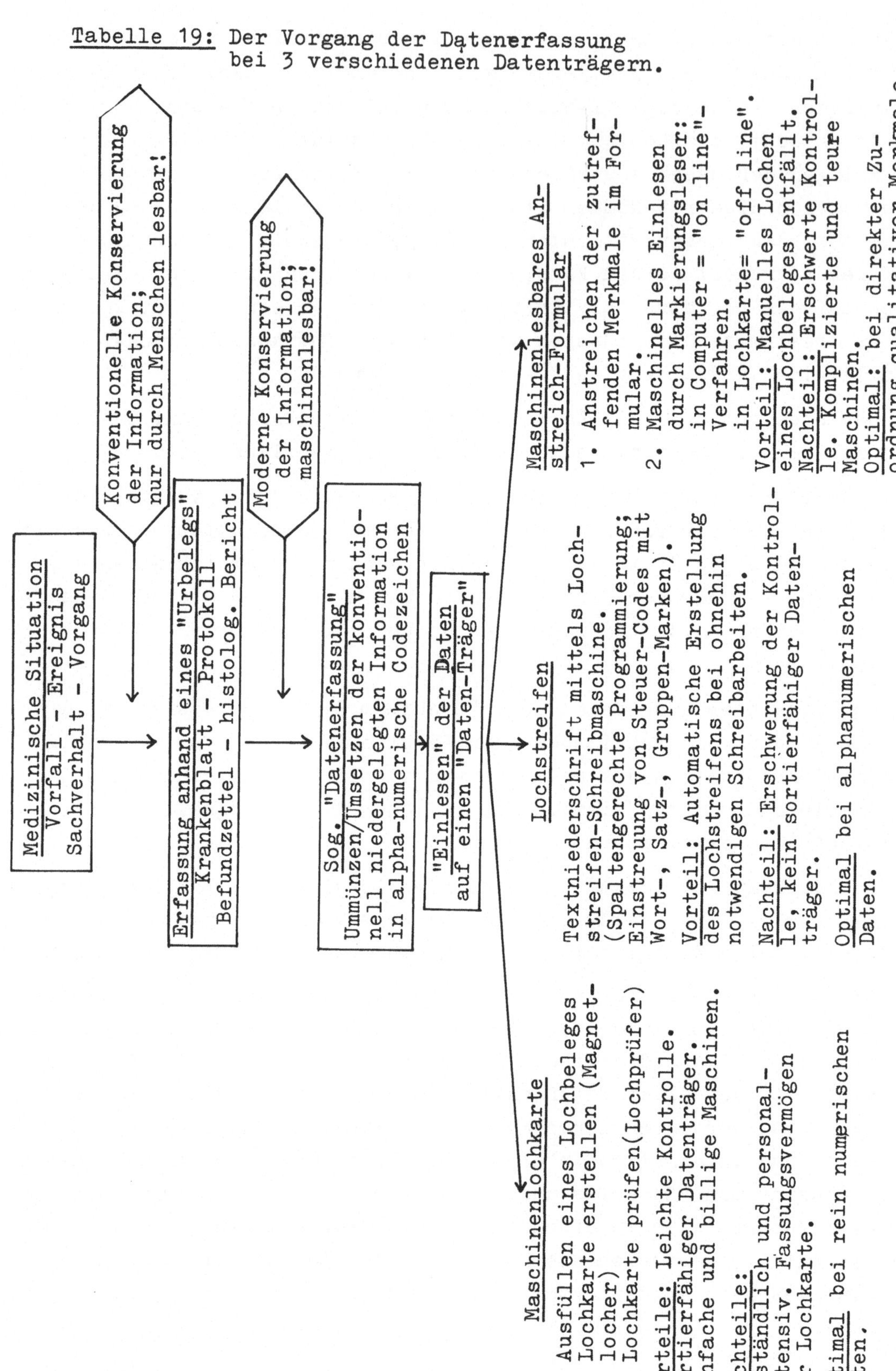

Die Benutzung der Maschinenlochkarte erheischt die Ausfüllung eines Lochbeleges, das Erstellen der Lochkarte und das Prüfen der Lochkarte. Sie hat Vorteile und Nachteile, die in Tabelle 19 aufgeführt sind. Der Lochstreifen ist am Platze, wenn sowieso eine Textniederschrift mittels einer Lochstreifenschreibmaschine erfolgt. Dann ist lediglich eine spaltengerechte Programmierung mit Einstreuen von Steuercodes mit Wort-, Satz- und Gruppenmarken notwendig. Das maschinenlesbare Anstreichformular vermeidet das umständliche Lochen einer Lochkarte nach einem vorliegenden Lochbeleg.

Gleichgültig, welchen Datenträger man benutzt, Voraussetzung für eine maschinenlesbare Dokumentation medizinischer Sachverhalte ist das Ummünzen, Umsetzen der medizinischen Situation in alpha-numerische Codezeichen. Mit der Güte dieser Datenerfassung steht und fällt die Güte einer maschinellen Bearbeitung der Information; denn die Information kann durch die Bearbeitung niemals zunehmen, sie kann durch ungeschicktes Hantieren nur abnehmen.

Einführung in die elektronische Datenverarbeitung.

T. Geis

Automat und Automation sind Begriffe, die heute auf vielen Gebieten weitgehend das Feld beherrschen. Es ist daher allgemein bekannt, daß man unter einem Automaten eine Einrichtung versteht, die eine bestimmte, genau festgelegte Tätigkeit einerseits völlig selbständig, andererseits aber auch völlig zwangsläufig ausführt. Automaten sind danach überall dort am Platze, wo ein wohlbestimmter Vorgang immer wieder in ein und derselben Art und Weise abzuwickeln ist. Eine solche Situation liegt bei der Durchführung von Zahlenrechnungen meistens vor. So laufen etwa zahlreiche Algorithmen der numerischen Mathematik darauf hinaus, daß zur Lösung einer bestimmten Aufgabe stets ein fester Satz von Formeln auszuwerten ist, wobei sich nur die Zahlenwerte gewisser Anfangsgrößen von Fall zu Fall ändern. Ebenso sind z.B. bei der Durchführung kaufmännischer Rechnungen vielfach laufend aus einem gewissen Satz von Eingangsdaten eine Reihe von Ausgangsdaten nach ein und demselben Formelschema zu errechnen. Die Anwendung von Automaten zur Durchführung solcher Rechnungen ist also naheliegend.

Während Automaten zur Abwicklung der vier Grundrechenoperationen (Addition, Subtraktion, Multiplikation und Division) schon lange in Gebrauch sind, wurden Automaten, die in der Lage sind, ganze Folgen von Rechenoperationen selbsttätig abzuwickeln, erst in neuester Zeit ersonnen und gebaut. Der umwälzende Fortschritt, den Automaten mit der letztgenannten Eigenschaft mit sich gebracht haben, liegt vor allem darin begründet, daß in diesen Automaten das Prinzip der Programmsteuerung verwirklicht wurde. Dieses Prinzip beruht auf folgenden Grundgedanken: Man baut einen Automaten, der in der Lage ist, gewisse elementare Tätigkeiten (etwa die Addition zweier zehnstelliger Zahlen oder den Transport einer Zahl von einem Ort an einen anderen Ort innerhalb des Automaten) selbsttätig abzuwickeln. Durch das sog. "Programm", das aus einer Folge von "Maschinenbefehlen" besteht, deren jeder eine dieser Elementartätigkeiten auslöst, wird festgelegt, in welcher Reihenfolge diese Grundtätigkeiten auszuführen sind. Mit der Fähigkeit ausgestattet, solche Programme vollautomatisch, d.h. ohne irgendwelchen menschlichen Eingriff abzuwickeln, wird der programmgesteuerte Rechenautomat - heute meistens unter Verwendung des entsprechenden englischen Begriffs als "Computer" bezeichnet

- zu einem sehr flexiblen, vielseitig verwendbaren Gerät, das in der Lage ist, gänzlich verschiedenartige Aufgaben zu erledigen. Allerdings muß zur Durchführung einer jeden einzelnen Aufgabe ein Programm bereitstehen, in dem genau festgelegt ist, wie zur Lösung der jeweiligen Aufgabe im einzelnen zu verfahren ist.

Der Anwendbarkeitsbereich eines solchen programmgesteuerten Rechenautomaten ist also sehr umfassend. Man kann etwa mit ein und demselben Gerät die verschiedensten Algorithmen der numerischen Mathematik abwickeln, z.B. Integrale numerisch auswerten oder Gleichungssysteme auflösen oder Nullstellen von Polynomen bestimmen. Man kann das Gerät aber genauso gut benutzen zur Abwicklung irgendwelcher kaufmännischer Rechnungen, zur Durchführung der Lohn- und Gehaltsabrechnung eines großen Betriebs, zur statistischen Auswertung vorliegender Meßreihen, zur Durchführung von Sortierprozessen oder zur Erprobung technischer und wirtschaftlicher Planungen in mannigfaltigen Abwandlungen. Kostspielige physikalische und technische Versuchsreihen kann man in vielen Fällen ersparen und durch raschere und billigere Durchrechnung ersetzen.

Die Anwendungsmöglichkeiten programmgesteuerter Rechenautomaten gehen jedoch noch viel weiter, als es zunächst auf Grund der Bezeichnung "Rechenautomat" den Anschein hat. Ziffernfolgen können nämlich die einzelnen Ziffern einer Zahl bedeuten. Eine vorliegende Ziffernfolge kann aber genauso gut aufgefaßt werden als digitale, d.h. ziffernmäßige Verschlüsselung irgendwelcher anderer Dinge, etwa als Verschlüsselung einer Folge von Buchstaben. Unter Zugrundelegung einer geeigneten digitalen Verschlüsselung wird es so möglich, programmgesteuerte Rechenautomaten auch für Aufgabenbereiche zu verwenden, die zunächst mit "Rechnen" im eigentlichen Sinne nichts zu tun haben. Es sei hier etwa daran erinnert, daß Rechenautomaten herangezogen werden, um das Problem der Übersetzung von Sprachen zu bewältigen, um formale Rechnungen durchzuführen (z.B. Umformung von arithmetischen Ausdrücken) oder um als Spielpartner bei Durchführung verschiedenartigster Spiele aufzutreten.

Die moderne Entwicklung auf dem Gebiet programmgesteuerter Rechenanlagen setzte vor etwa 20 Jahren ein. Diese Entwicklung ist durch einen geradezu stürmischen Verlauf gekennzeichnet, sowohl was den technischen Fortschritt anbelangt, als auch was die Ausdehnung der Anwendung programmgesteuerter Rechenautomaten betrifft. Während zu Anfang der fünfziger Jahre die ersten serienmäßig hergestellten Röhrenmaschinen Geschwindigkeiten von etwa tausend Operationen pro Sekunde erreichten, sind heute bereits Rechenanlagen mit einer Leistungsfähigkeit von 10 Millionen Operationen pro Sekunde auf dem Markt. Eine Rechnung, die damals noch eine Stunde Rechenzeit in Anspruch nahm, ist heute in weniger als einer halben Sekunde erledigbar geworden. In gleichem Maße wie die Rechengeschwindigkeit nahm auch die Betriebssicherheit der modernen Großrechenanlagen zu. Dies ist insbesondere der Einführung des Transistors (2. Computergeneration) und dem Übergang zur integrierten Schaltkreistechnik (3. Computergeneration) zu verdanken.

Auch die folgenden Zahlen machen den gewaltigen Fortschritt in Konstruktion und Herstellung von Datenverarbeitungsanlagen deutlich: 1950 waren in den USA 10 bis 15 Computer im Einsatz. 1967 waren es bereits über 35000, darunter 2100 Großanlagen im Wert von 10 Millionen DM und mehr. Nach vorsichtigen Schätzungen dürften es 1975 etwa 85000 Anlagen sein, darunter mindestens 4000 Großanlagen. Es ist daher nicht verwunderlich, daß Berufe in der elektronischen Datenverarbeitung wie Systemanalytiker oder Programmierer zu den am schnellsten wachsenden Berufsgruppen gehören.

Infolge der außerordentlich großen Leistungsfähigkeit moderner programmgesteuerter Rechengeräte ist die Bearbeitung zahlreicher Aufgaben überhaupt erst in den Bereich des Möglichen gerückt. Die Lösung vieler Probleme aus Physik und Technik ist nämlich so aufwendig, daß diese mit den bisher herkömmlichen Rechenhilfsmitteln wie Tischrechenmaschinen und Tafelwerken, etwa Logarithmentafeln, in der zur Lösung verfügbaren Zeit auch dann nicht erledigt werden können, wenn die Rechnungen auf die bestmögliche Art angelegt werden und ein ganzer Stab von Rechenkräften zur Verfügung steht. Die modernen Rechenautomaten ermöglichen durch ihre sehr große Speicherkapazität und ihre riesige Rechengeschwindigkeit zum Beispiel auch, das so bedeutsame Problem der Wettervorhersage in Angriff zu nehmen, bei dem es darum geht, binnen kürzester Zeit aus der verschlüsselt in Form von vielen tausend Einzeldaten gemeldeten Wetterlage zum gegenwärtigen Zeitpunkt auf Grund von bekannten physikalischen Gesetzen die Wetterlage des ganzen nächsten Tages zu berechnen. Die ungeheuere Rechengeschwindigkeit der modernen Großrechenanlagen gestattet weiterhin auch, extrem schnelle Vorgänge wie den Flug einer Weltraumrakete gleichzeitig rechnend zu verfolgen und fortlaufend steuernd zu korrigieren.

Zwei weitere Beispiele seien noch angeführt, um die in den beiden letzten Jahrzehnten erreichte ungeheuer große Erweiterung der Rechenkapazität durch die modernen Großrechenanlagen aufzuzeigen. Der Schotte John Neper benötigte um 1600 zur Berechnung der ersten (siebenstelligen) Logarithmentafel ungefähr 30 Jahre. Unter Verwendung einer modernen Großrechenanlage hingegen lassen sich z.B. die zehnstelligen Logarithmen der Zahlen 1 bis 10 000 mittels Reihenentwicklung in wenigen Sekunden berechnen und unter Verwendung eines Schnelldruckers in weniger als einer Minute zu Papier bringen.

Die Zahl π reizte die Mathematiker immer wieder, die Grenzen ihrer Rechenkraft zu erproben. Im Laufe der Zeit wurde daher diese Zahl mit immer größerer Genauigkeit berechnet. So erfolgte z.B. bereits 1706 die Berechnung von π auf 100 Dezimalen und 1844 auf 200 Dezimalen. Der berühmte Hamburger Rechenkünstler Zacharias Dase (1824-1861) benötigte zur Abwicklung der Rechnung immerhin knapp zwei Monate. 1873 gelang es dann William Shanks, sogar 707 Dezimalen der Zahl π zu berechnen. Das Ergebnis von Shanks ist jedoch von der 528. Stelle an falsch, was sich allerdings erst 1946 herausstellte. Die Möglichkeit der Verwendung elektronischer Rechenautomaten lieferte natürlich dem Wettkampf um eine immer genauere Berechnung der Zahl π neue Impulse. Nach Berechnung von π im Jahre 1949 auf 2035, im Jahre 1954 auf 3089 und im Jahre 1958 auf 10 000 Stellen gelang schließlich 1961 die Berechnung von 100 000 Stellen der Zahl π unter Verwendung einer der damals schnellsten Rechenanlagen in der erstaunlich kurzen Zeit von knapp fünf Stunden.

Grundlage für die Erledigung all der vielfältigen Aufgaben, die ein Computer ausführen kann, ist das Vorhandensein entsprechender Programme. Es ist leider nicht so, wie von Laien vielfach fälschlich angenommen wird, daß ein solcher Automat von vorneherein etwa auf das Drücken einer Bedienungstaste hin in der Lage ist, die kompliziertesten Aufgaben zu lösen. Erst durch ein Programm, in dem in allen Einzelheiten festgelegt ist, wie zur Lösung einer bestimmten Aufgabe vorzugehen ist, wird der Automat befähigt, eine bestimmte Aufgabe zu erledigen.

Will man ein Programm zur Lösung einer bestimmten Aufgabe aufstellen, so hat man zunächst einmal nach einem geeigneten Verfahren zur Gewinnung der Lösung zu suchen. Dabei wird man bestrebt sein, ein möglichst allgemeingültiges Lösungsverfahren anzugeben, das nicht nur zur Lösung einer speziellen Aufgabe, sondern vielmehr zur Lösung einer ganzen Aufgabenklasse geeignet ist. Zur Aufstellung von Programmen ist nämlich ein nicht unerheblicher Arbeitsaufwand erforderlich, der sich nur dann wirklich lohnt, wenn das aufgestellte Programm hinreichend oft zur Anwendung gelangt.

Nach Aufstellung eines Lösungsverfahrens hat man dieses formal darzustellen, und zwar unter Verwendung einer ganz bestimmten, genau festgelegten Sprache. Diese Formulierung der Arbeitsvorschrift ist in erster Linie das, was man unter Programmierung versteht. Das zentrale Problem des Programmierens ist also dies: Wie übersetzt man seine eigenen Vorstellungen vom Ablauf eines Rechenprozesses in ein Programm, wie erfolgt die Übertragung auf die Gegebenheiten der Maschine?

Zur Erläuterung dieses Sachverhalts sei zunächst ein einfaches Beispiel betrachtet. Die Aufgabe, aus einem vorliegenden Satz von Zahlen die größte herauszusuchen, erscheint trivial. Für einen menschlichen Bearbeiter der Aufgabenstellung ist die Angabe einer Arbeitsvorschrift überflüssig. Er wird in jedem Falle sofort einen Lösungsalgorithmus bereit haben. Sieht man genauer zu, so stellt man fest, daß der menschliche Bearbeiter je nach Art des vorliegenden
Zahlsatzes verschiedene Lösungsverfahren benutzt. Liegen
23 etwa die fünf nebenstehend angegebenen Zahlen vor, so
1 erkennt er "auf den ersten Blick" die dritte als die
4711 größte. Man bemerkt, daß dabei zur Lösung der Aufgabe
12 nicht gerechnet wurde, sondern daß vielmehr geometrisch-
8 anschauliche Elemente mit ins Spiel gebracht wurden
insofern, als die am weitesten links herausragende Zahl unmittelbar als die größte erkannt wurde. Bei Bearbeitung des zweiten nebenstehend angegebenen Zahlsatzes wird die Vorgehensweise
eine ganz andere sein, etwa die, daß zunächst die vor-
66002 derste Ziffernspalte betrachtet wird und sodann die
98812 zweite und vierte Zahl zur weiteren Betrachtung vor-
39196 gemerkt werden. Ein weiterer stellenweiser Vergleich
98886 erweist schließlich die vierte als die größte. Beide
18323 Verfahren sind auf spezielle Datensätze zugeschnitten
und nicht universell verwendbar. Bei genauerem Zusehen erkennt man auch, daß die angegebenen Vorgehensweisen nicht ohne weiteres zurückführbar sind auf Folgen derjenigen Grundoperationen, die ein programmgesteuerter Rechenautomat abwickeln kann.

Zu einem universellen und für den Rechenautomaten geeigneten Lösungsverfahren gelangt man wie folgt: Man führt eine Hilfsgröße M ein, und zwar soll M gleich der größten der bisher gelesenen Zahlen des Zahlsatzes sein. Zu Beginn setzt man M gleich der ersten Zahl des Zahlsatzes. Anschließend liest man sämtliche Zahlen des Zahlsatzes und vergleicht diese jeweils mit M. Ist eine gelesene Zahl größer als M, so ersetzt man den bisherigen Zahlenwert von M durch diese Zahl. Auf diese Weise ist M tatsächlich stets die größte der bisher gelesenen Zahlen. Nach Abarbeitung des gesamten Zahlsatzes stimmt dann M mit der größten Zahl des Zahlsatzes überein. Umfaßt dieser insgesamt N Zahlen, so sind zur vollständigen Durchführung des Verfahrens insgesamt N-1 Vergleiche (N-1 Subtraktionen) durchzuführen.

Das angegebene Verfahren muß nunmehr formal dargestellt werden. In einer solchen Darstellung müssen insbesondere alle während der Rechnung auftretenden Größen benannt sein, insbesondere also auch alle Elemente des zu verarbeitenden Zahlsatzes. Diese seien mit A_1, A_2, ... , A_N bezeichnet in Anlehnung an die in der Mathematik übliche Vorgehensweise, die einzelnen Elemente von Zahlsätzen durch Indizes zu unterscheiden. Ist N die Anzahl der Elemente des Zahlsatzes, I eine während des Rechenprozesses veränderliche Zählgröße (Nummer des nächsten zu verarbeitenden Elements) und M die größte bisher gelesene Zahl, so ergibt sich zur Darstellung der Abwicklung des Lösungsverfahrens folgendes Ablaufschema (sog. "Flußdiagramm"):

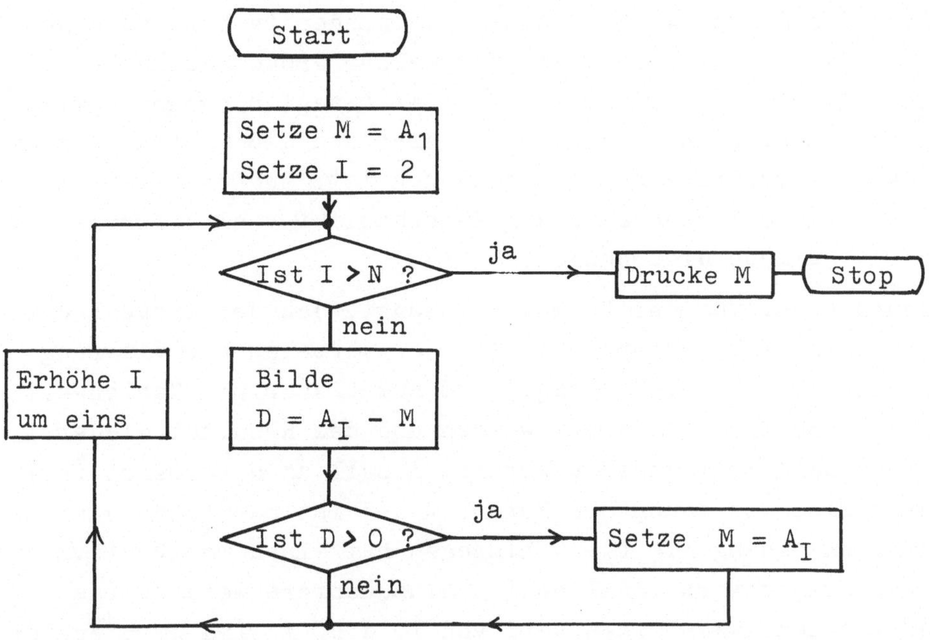

In einem solchen Flußdiagramm wird in geometrisch-anschaulicher Weise dargestellt, in welcher Weise die einzelnen Tätigkeiten, die der Automat zur Lösung der gestellten Aufgabe auszuführen hat, aufeinanderfolgen. Es zeigt u.a. deutlich die "zyklische Struktur" des aufgestellten Rechenprogramms.

Zur Vereinfachung der Darstellung sei ein besonderes Symbol, das sog. "Zuordnungszeichen", eingeführt. Es spielt bei der Darstellung von Rechenabläufen eine fundamentale Rolle und wird entweder als " := " (definierender Doppelpunkt) oder als "$\Rightarrow$" (sog. Ergibt-Zeichen) geschrieben. Es stellt nicht nur wie das gewöhnliche Gleichheitszeichen einen Zusammenhang zwischen verschiedenen Größen her, sondern macht gleichzeitig eine Aussage über den jeweiligen Rechenablauf, also darüber, welche Größen vorgegeben sind und welche Größe neu zu ermitteln ist. Eine "Zuordnungsanweisung" der allgemeinen Form

$$Y := F(X_1, X_2, \ldots , X_N)$$

bzw. die entsprechende "Planformel"

$$F(X_1, X_2, \ldots , X_N) \Rightarrow Y$$

setzt nicht nur die Größen X_1, X_2, ... , X_N und Y zueinander in Beziehung, sondern sagt aus, daß aus vorgegebenen Größen $X_1, X_2, \ldots, X_N$ gemäß der Rechenvorschrift F eine neue Größe errechnet werden und fortan mit Y bezeichnet werden soll. Schreibt man $C = A \cdot B+X$, so werden lediglich die Größen A, B, C und X zueinander in Beziehung gesetzt. Welche davon vorgegeben sind und welche Größe neu zu berechnen ist, bleibt dabei offen. $C := A \cdot B+X$ besagt hingegen unmißverständlich, daß A, B und X vorgegeben sind und daß C gemäß der angegebenen Rechenvorschrift neu zu berechnen ist. Zuordnungsanweisungen bzw. Planformeln lassen also den Rechenablauf viel klarer zutage treten als gewöhnliche Gleichungen.

Eine Zuordnungsanweisung der Form I:=K besagt, daß der Größe I der Wert K zugewiesen wird, entspricht also der verbalen Formulierung "Setze I gleich K". I:= I+H besagt, daß zum bisherigen Zahlenwert von I der Wert von H hinzuaddiert werden und das Resultat wieder I genannt werden soll, mit anderen Worten: I soll um H vermehrt (erhöht) werden. Eine Gleichung der Form I = I+5 ist natürlich sinnlos. Die Zuordnungsanweisung I:= I + 5 hingegen hat einen wohlbestimmten Sinn. Zum bisherigen Wert von I soll 5 hinzuaddiert werden. Das Resultat ergibt den zukünftigen Wert von I, d.h. I wird um 5 erhöht.

Unter Verwendung der neu eingeführten Symbolik läßt sich nunmehr das angegebene Flußdiagramm wie folgt darstellen:

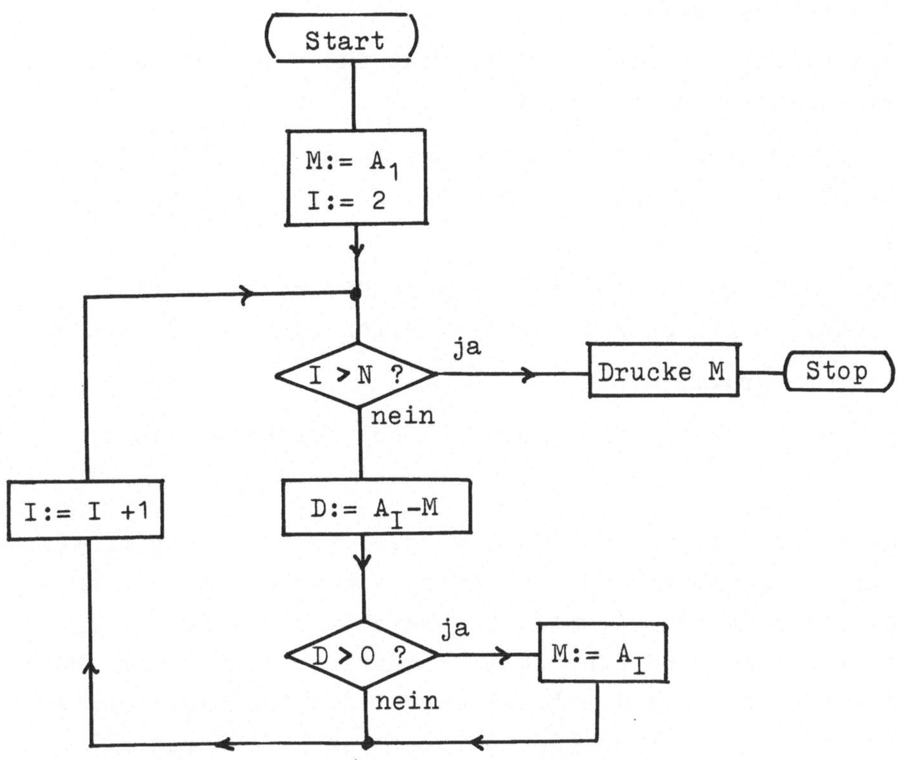

Die Maschinensprache, d.h. die Sprache, die der Automat unmittelbar versteht, setzt sich aus sog. "Maschinenbefehlen" zusammen, d.h. aus Anweisungen zur Auslösung der einzelnen Grundoperationen, deren der Automat fähig ist. Maschinenprogramme, also Folgen von Maschinenbefehlen, sind i.allg. sehr langwierig und wenig geeignet für ein Verständnis dessen, was sie beinhalten. Die Herstellung eines umfangreichen Programms kann Wochen, Monate oder sogar Jahre beanspruchen. Gedankliche Vorstellungen können jedoch bekanntlich nicht über so lange Zeiträume hinweg im menschlichen Gedächtnis aufbewahrt werden. Daher ist es wichtig, den Rechenprozeß vor der Formulierung in Maschinensprache in einer Sprache zu fixieren, die zum Verständnis besser geeignet ist. Eine solche Sprache ist z.B. durch die vorstehend benutzte Darstellungsweise vorgezeichnet.

Will man irgendein Problem mit einer programmgesteuerten Rechenanlage bearbeiten, so ergibt sich nunmehr folgende Aufgliederung der im einzelnen auszuführenden Tätigkeiten:

1) Angabe einer geeigneten digitalen Verschlüsselung der darzustellenden Information (entfällt bei Aufgaben, die dem Bereich des reinen Zahlenrechnens entstammen);

2) Mathematische Formulierung des Problems;

3) Angabe eines Lösungsverfahrens;

4) Formale Darstellung des Lösungsverfahrens unter Verwendung einer dem Problem angemessenen Sprache;

5) Aufstellung des zugehörigen Maschinenprogramms (sog. "Codierung", entfällt bei Verwendung sog. "problemorientierter Programmiersprachen");

6) Übertragung des Programms und der Eingangsdaten des Problems auf das Eingabemedium (Ablochen auf Lochstreifen oder Lochkarten);

7) Ausprüfen des Programms;

8) Abwicklung des Programms, also Durchführung der eigentlichen Rechnung.

Die hierbei unter Nr. 5) erwähnte Codierung, d.h. der Übergang von einer dem Problem angepaßten und dem menschlichen Verständnis entsprechenden Darstellung zur eigentlichen Maschinensprache ist in vielen Fällen problemlos und eine routinemäßige Angelegenheit. Während die zuvor genannten Schritte Geschicklichkeit und Phantasie erfordern, sind beim Schritt der Codierung (der übrigens sehr fehleranfällig ist, weit mehr noch als das übliche Zahlenrechnen) Sorgfalt und Geduld wichtige Faktoren. Der Hinweis, daß der Arbeitsgang der Codierung vielfach eine routinemäßige Tätigkeit ist, deutet darauf hin, daß dieser Schritt unter geeigneten Voraussetzungen vom Automaten selbst erledigt werden kann.

Im Verlaufe der Bestrebungen, den Arbeitsgang der Codierung so weit als möglich zu eliminieren, entstanden sog. "Programmiersysteme" verschiedenster Art, die es gestatten, mit dem Rechenautomaten statt in der eigentlichen Maschinensprache in einer Sprache zu verkehren, die eine zweckmäßige und dem menschlichen Verstand angemessene Formulierung des Lösungsverfahrens gestattet. Solche Programmiersysteme umfassen jeweils eine Formulierungssprache, die problemorientiert ist und eine bequeme, leicht lesbare Formulierung der Aufgabenstellung ermöglicht, eine Ausführungssprache, die i. allg. mit der Maschinensprache des benutzten Rechenautomaten zusammenfällt, sowie eine Übersetzungsvorschrift, die die Übersetzung von der erstgenannten in die letztgenannte Sprache leistet. Hat man insbesondere diese Übersetzungsvorschrift dem Automaten in Form eines Maschinenprogramms mitgeteilt, so kann dieser die Übersetzung aus der Formulierungssprache in die Maschinensprache selbst durchführen. Der Benutzer einer Rechenanlage kann dann unter Verwendung der Formulierungssprache unmittelbar mit dem Rechenautomaten verkehren. Dieser wandelt zunächst, gesteuert durch den "Übersetzer" oder "Compiler", d.h. durch die als Maschinenprogramm vorliegende Übersetzungsvorschrift, das in der Formulierungssprache vorliegende Programm in die eigentliche Maschinensprache um und rechnet anschließend das erzeugte Maschinenprogramm durch.

Unter den insgesamt entstandenen problemorientierten Formulierungssprachen haben die Formelsprachen FORTRAN und ALGOL im Bereich des sog. wissenschaftlich-technischen Rechnens bei weitem die größte Bedeutung erlangt. Der bereits als Flußdiagramm angegebene Algorithmus zur Bestimmung der größten Zahl eines Zahlsatzes läßt sich unter Verwendung der Formelsprache ALGOL wie folgt darstellen:

```
          M:= A [1];    I:= 2;
ST1:      'IF' I 'GREATER' N 'THEN' 'GOTO' DRUCK;
          D:= A [I]  - M;
          'IF' D 'GREATER' O 'THEN' M:= A [I] ;
          I:= I + 1;
          'GOTO' ST1;
DRUCK:    PRINT(M);
```

Man bemerkt die weitergehende Übereinstimmung mit dem vorher angegebenen Flußdiagramm. Lediglich anstelle der Verbindungslinien zwischen den einzelnen Anweisungen des Flußdiagramms sind jetzt im Falle der Unterbrechung der normalen Reihenfolge, wie sie durch Hintereinandersetzen der einzelnen Anweisungen bestimmt ist, sog. "Sprunganweisungen" getreten. Zur Fixierung der Sprungziele werden bestimmte Programmstellen markiert, indem vor die betreffende Anweisung eine Marke gesetzt wird. Anstelle der Verzweigungskästchen erscheinen im ALGOL-Programm sog. "bedingte Anweisungen", deren Ausführung von der im "Bedingungsteil" angegebenen Bedingung abhängt. Weiterhin wird noch auf den beschränkten Zeichenvorrat der Eingabegeräte Rücksicht genommen. Diese kennen beispielsweise auch weder ein Hoch- noch ein Tiefsetzen. Indizes werden daher durch Einschließen in eckige Klammern als solche kenntlich gemacht.

Die angegebene Anweisungsfolge ist noch kein vollständiges ALGOL-Programm. Zu einem solchen gehören vielmehr noch sog. "Vereinbarungen", in denen zu Programmbeginn gewisse Aussagen über die im Programm auftretenden Größen gemacht werden. Nachfolgend sei noch die Ergänzung zu einem vollständigen Programm durchgeführt. Dabei sei angenommen, daß die zu verarbeitenden Zahlen des Zahlsatzes als Eingabedaten im Eingabegerät abrufbereit zur Verfügung stehen. Sie sind dann bei Beginn der Rechnung zunächst einzulesen, wozu eine zusätzliche Anweisung dient. Zur Formulierung der Programmschleife zum Aufsuchen der größten Zahl wird im folgenden eine neue sprachliche Formulierung gewählt (Verwendung der sog. "Laufanweisung"). Das gesamte ALGOL-Programm lautet nunmehr, wenn im einzelnen weiter noch angenommen wird, daß im Eingabegerät zunächst der Wert von N und dann der Reihe nach die Werte von A_1, A_2, ... , A_N zum Abruf bereitliegen:

```
'BEGIN' 'INTEGER' I, N; 'REAL' M;
        READ(N);
        'BEGIN' 'ARRAY' A [1:N];
          'FOR' I:=1 'STEP' 1 'UNTIL' N 'DO' READ(A [I]);
          M:= A[1];
          'FOR' I:=2 'STEP' 1 'UNTIL' N 'DO'
            'IF' A[I]- M 'GREATER' 0 'THEN' M:= A[I];
          PRINT(M);
        'END'
'END'
```

Als weiteres Beispiel sei die in allen Bereichen der Datenverarbeitung auftretende Aufgabe betrachtet, die Elemente eines Satzes von N Zahlen der Größe nach zu ordnen. Unter den verschiedenen möglichen Verfahren sei eines ausgewählt, das gedanklich besonders einfach ist. Es wird durch nebenstehendes Zahlenbeispiel illustriert. Man arbeitet den Zahlsatz von links nach rechts durch, vergleicht jeweils benachbarte Elemente und vertauscht gegebenenfalls. Einmaliges Durcharbeiten des Zahlsatzes genügt natürlich nicht. Man wiederholt daher den Prozeß solange, bis bei einem Durcharbeiten des gesamten Zahlsatzes keinerlei Vertauschungen mehr erforderlich waren (beim nebenstehenden Beispiel ist dies beim 4. Durchlauf der Fall). Zur Kennzeichung dieser Situation dient eine Testgröße T. T = 0 bedeutet "keine Vertauschung", T = 1 bedeutet "bei Durcharbeitung des Zahlsatzes wurde mindestens eine

```
4‿3  7  1  }
3  4‿7  1  }  1. Durch-
3  4  7‿1  }  lauf
3  4  1  7  }

3‿4  1  7  }
3  4‿1  7  }  2. Durch-
3  1  4‿7  }  lauf
3  1  4  7  }

3‿1  4  7  }
1  3‿4  7  }  3. Durch-
1  3  4‿7  }  lauf
1  3  4  7  }

1‿3  4  7  }
1  3‿4  7  }  4. Durch-
1  3  4‿7  }  lauf
1  3  4  7  }
```

Vertauschung vorgenommen". Unter Verwendung der Formelsprache ALGOL läßt sich dieser Prozeß wie folgt formulieren (Die nachstehend angegebene Anweisungsfolge ist als Ausschnitt aus einem ALGOL-Programm aufzufassen):

```
ANFANG:  T:= 0;
         'FOR' I:=1 'STEP' 1 'UNTIL' N-1 'DO'
           'BEGIN' 'IF' A[I+1] - A[I] 'LESS' 0 'THEN'
                   'BEGIN'  H:= A[I+1] ; A [I+1] := A[I];
                            [A]I := H;
                             T := 1;
                   'END'
           'END';
         'IF' T 'EQUAL'  1 'THEN' 'GOTO' ANFANG;
```

Selbstverständlich gibt es weitere Möglichkeiten zur Lösung der gestellten Aufgabe, insbesondere solche Verfahren, die noch wesentlich schneller zum Ziele führen.

Die Verwendung problemorientierter Programmiersprachen steht heute weitgehend im Vordergrund. Diese ermöglichen den Einsatz von Rechenautomaten mit relativ geringem Programmieraufwand für Aufgaben aus einem Bereich, auf den die jeweilige Programmiersprache zugeschnitten ist. Dennoch kann auf das Programmieren in Maschinensprache bzw. in einer Sprache, die der Maschinensprache nahesteht, nicht vollständig verzichtet werden, in erster Linie aus folgenden Gründen: Die zu einer Rechenanlage gehörige "Software" (diese umfaßt in erster Linie eine Reihe von Programmen, die für den Betrieb des Rechenautomaten und seine optimale Ausnutzung unerläßlich sind, sowie Übersetzer, die die Verwendung der verschiedenen problemorientierten Programmiersprachen erst ermöglichen), muß in maschinennaher Form erstellt werden. Die Bequemlichkeit des Programmierens bei Verwendung problemorientierter Programmiersprachen muß damit bezahlt werden, daß die automatisch erstellten Maschinenprogramme i.allg. einen erheblich größeren Bedarf an Rechenzeit und Speicherplatz aufweisen als die von geschickten Programmierern in maschinennaher Form geschriebenen. Es gibt durchaus auch Aufgabenstellungen, zu deren Behandlung keine geeignete problemorientierte Programmiersprache existiert. Schließlich kommt es gelegentlich darauf an, spezielle Eigenschaften des Rechenautomaten voll auszunutzen. Dies ist nur bei Verwendung der eigentlichen Maschinensprache möglich.

Die Verwendung problemorientierter Programmiersprachen vermeidet weitgehend die Bezugnahme auf maschineninterne Gegebenheiten, so daß der Anwender der Rechenanlage auch ohne Kenntnis dieser Dinge auskommt. Will man hingegen in Maschinensprache programmieren, so muß man einige Kenntnisse über die grundlegende Struktur und die Arbeitsweise eines programmgesteuerten Rechenautomaten besitzen. Im folgenden seien noch einige wichtige diesbezügliche Dinge zusammengestellt.

Ein programmgesteuerter Rechenautomat umfaßt die folgenden fünf Grundbestandteile:

1) Das Rechenwerk R. Es dient zur Durchführung der einzelnen Rechenoperationen, deren der Automat fähig ist, d.h. zur Verknüpfung vorliegender digital verschlüsselter Informationen zu neuen Informationen nach ganz bestimmten Verknüpfungsregeln.
2) Der Speicher S. Bei diesem handelt es sich um ein Medium, das zur Festhaltung der gesamten zu verarbeitenden Information dient. Der Speicher nimmt insbesondere vom Rechenwerk neu ermittelte (Zwischen-)Resultate auf und gibt diese bei Bedarf wieder an das Rechenwerk ab.
3) Das Leit- oder Steuerwerk STW. Es löst unter Interpretation der einzelnen Anweisungen des Programms in den übrigen Teilen des Automaten die erforderlichen Operationen aus und steuert so den Gesamtablauf.
4) Die Eingabe E. Diese dient zur Eingabe von geeignet verschlüsselten Informationen in den Automaten.
5) Die Ausgabe A. Mit ihrer Hilfe werden die errechneten Resultate ausgeliefert.

Zu einem betriebssicher arbeitenden elektronischen Rechengerät gelangt man nur dann, wenn man intern im Rechengerät zu einer binären Verschlüsselung der darzustellenden Information greift, d.h., wenn man diese durch solche Ziffernfolgen darstellt, in denen nur zwei verschiedene Ziffern, etwa 0 und 1, auftreten. Auf jeder Ziffernstelle erscheint dann entweder die Ziffer 0 oder die Ziffer 1. Eine solche Ziffernstelle bezeichnet man als ein Bit (Zusammenziehung aus binary digit). Zu binären Verschlüsselungen gelangt man etwa dadurch, daß man jede Dezimalziffer durch eine mindestens vierstellige Folge der Ziffern 0 und 1, d.h. durch mindestens vier Bits verschlüsselt oder durch Benutzung des sog. Dualsystems. Darauf sei hier nicht näher eingegangen.

Eine heute in vielen Datenverarbeitungsanlagen gebräuchliche Informationseinheit ist das Byte. Es umfaßt 8 Bits, zu denen zu Kontrollzwecken ein weiteres (dem Benutzer nicht zugängliches) Bit (Prüf- oder Kontrollbit) hinzutritt. Ein Byte ermöglicht die Verschlüsselung von $2^8 = 256$ verschiedenen Zeichen.

Die grundlegende Informationseinheit, die bei Durchführung einer Rechenoperation zur Verarbeitung gelangt, bezeichnet man als ein Wort. Die "Wortlänge" ist i.allg. von Maschinentyp zu Maschinentyp verschieden (z.B. Wortlänge von 40 Bits oder von 2 Bytes oder von 10 Dezimalstellen à 4 Bits). Der Arbeitsspeicher einer Rechenanlage, der in unmittelbarer Verbindung mit dem Rechen- und Steuerwerk steht, ist eingeteilt in einzelne "Zellen", deren jede zur Aufnahme eines Wortes dient. Diese Zellen sind fortlaufend durchnumeriert. Ihre Nummern heißen "Adressen".

Die Speicherkapazität, d.h. die Aufnahmefähigkeit für Informationen eines Speichers, wird in Bits oder in Worten angegeben. Neben dieser ist für einen bestimmten Speicher die sog. "Zugriffszeit" eine charakteristische Größe. Diese ist gegeben durch die Wartezeit, die verstreichen muß, ehe ein bestimmter Lese- oder Schreibvorgang beginnen kann. Sie kann je nach Speicherart nur Bruchteile einer Mikrosekunde betragen oder sich bis hin zu mehreren Sekunden erstrecken.

Der Arbeitsspeicher steht, wie bereits erwähnt, in unmittelbarer Verbindung mit dem Rechenwerk. Seine Zugriffszeit muß daher der Arbeitsgeschwindigkeit des Rechenwerks angepaßt sein. Die extrem hohen Geschwindigkeiten, die heute in Rechenwerken möglich sind, bedingen daher Arbeitsspeicher mit extrem kurzer Zugriffszeit. Solche Speicher sind jedoch relativ teuer und ermöglichen keine extrem großen Speicherkapazitäten, wie sie heute vielfach wünschenswert erscheinen. Man ergänzt daher meistens den Arbeitsspeicher der Rechenanlage, der sehr schnell ist, jedoch keine allzu große Kapazität aufweist (i. allg. ein sog. "Ferritkernspeicher" oder ein "Dünnschichtspeicher") durch "Sekundärspeicher" (auch als Hintergrund- oder als Zusatzspeicher bezeichnet), die große Speicherkapazitäten ermöglichen und billig sind, allerdings dafür relativ langsam, da der Zugriff zu bestimmten Teilen des Speichers nur durch mechanisch bewegte Bauteile ermöglicht wird (Magnettrommelspeicher, Magnetplattenspeicher, Magnetkartenspeicher, Magnetbandspeicher). Größere Blöcke von Worten (sog. "Sätze"), die nur selten bzw. in größeren Abständen benötigte Informationen darstellen, werden gegebenenfalls vom Arbeitsspeicher in den Sekundärspeicher bzw. umgekehrt überführt. Die verhältnismäßig große Zugriffszeit des Sekundärspeichers tritt dabei nur einmalig zu Beginn der Übertragung auf und fällt umso weniger ins Gewicht, je umfangreicher der übertragene Informationsblock ist.

Ein- und Ausgabe stellen Bindeglieder zwischen Rechenautomat und Außenwelt dar. Ihnen obliegt die Umwandlung von externer in interne Darstellung der zu verarbeitenden Information und umgekehrt. Eine rasche und fehlerfreie Eingabe größerer Informationsmengen erreicht man unter Verwendung von Zwischenträgern, auf welche die einzugebende Information verschlüsselt als Folge von Lochgruppen mit Hilfe von Geräten aufgetragen wird, die vom eigentlichen Rechner unabhängig sind. Als solche Zwischenträger dienen vor allem Lochkarten und Lochstreifen. Die zunächst unter Verwendung von Schreiblochern bzw. Fernschreibern auf Lochkarten und Lochstreifen übertragene Information wird dann unter Verwendung von Kartenlesern bzw. Lochstreifenlesern als eigentliche Eingabegeräte dem Rechner mit hoher Geschwindigkeit zugeführt. Diese Lesegeräte tasten die Lochgruppen der Reihe nach mechanisch oder photoelektrisch ab und setzen sie in elektrische Impulse um, die an den Rechner abgegeben werden.

Das einfachste Ausgabegerät ist ein Fernschreiber, der Resultate unmittelbar vom Rechner gesteuert niederschreibt. Ein solcher arbeitet jedoch so langsam, daß er für die Ausgabe größerer Resultatmengen unbrauchbar wird. Wesentlich größere Druckgeschwindigkeiten erreichen die herkömmlichen Lochkarten-Tabelliermaschinen. Daneben wurden zur schnellen Ausgabe großer Datenmengen außerordentlich leistungsfähige Schnelldrucker entwickelt. Die enormen Druckgeschwindigkeiten reichen bis zu 3300 Dezimalziffern pro Sekunde. Häufig muß man aber auch die Möglichkeit haben, Resultate einer Rechnung dem Rechner später wieder als Eingabedaten zur Verfügung zu stellen. Aus diesem Grunde stehen ausgabeseitig die den Eingabegeräten entsprechenden Geräte zur Verfügung, also insbesondere Kartenstanzer und Streifenlocher. Sie liefern einen Kartenstapel oder einen Lochstreifen, der dann unabhängig vom Rechner auf einer Tabelliermaschine bzw. einem Fernschreiber in Klarschrift umgewandelt werden kann.

Die einzelnen Teile des Automaten sind durch Leitungen miteinander verbunden, wodurch der Informationstransport von einem Teil der Anlage zu den anderen Teilen ermöglicht wird. Insgesamt ergibt sich das nachstehend skizzierte Blockschaltbild eines programmgesteuerten Rechenautomaten:

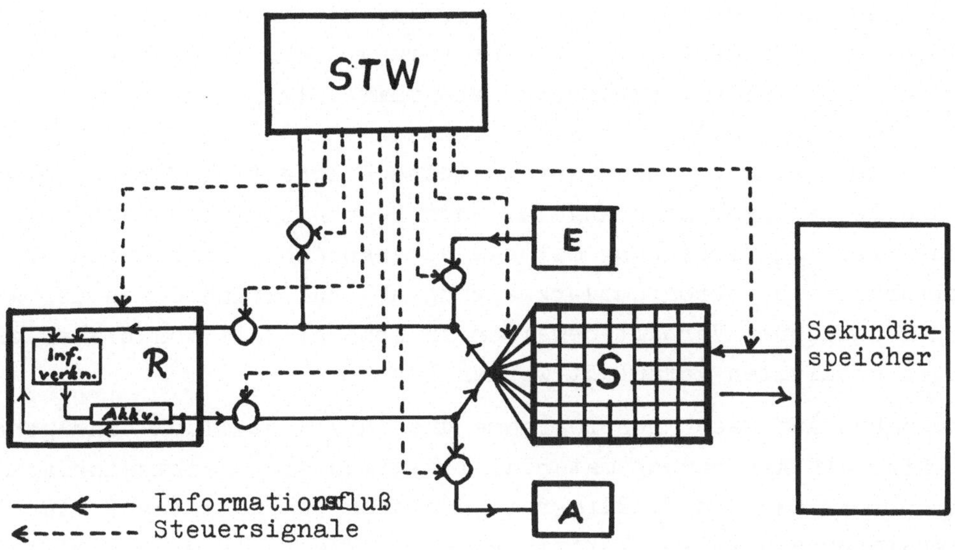

Soll auf einem programmgesteuerten Rechenautomaten eine Aufgabe abgewickelt werden, so liest der Automat zunächst während einer ersten Phase, der sog. "Eingabephase", das Programm über das Eingabegerät ein und notiert die einzelnen Befehle geeignet verschlüsselt im Speicher. Während einer zweiten Phase, der sog. "Rechenphase", bearbeitet dann der Automat nach dem vorgegebenen Programm die Aufgabe. Dabei werden die einzelnen Maschinenbefehle des Programms der Reihe nach vom Speicher ins Leitwerk abgerufen, interpretiert und ausgeführt.

Jeder Maschinenbefehl leitet die Abwicklung einer der Elementartätigkeiten ein, die der Automat beherrscht. Unter diesen befinden sich Rechenoperationen zur Durchführung von Addition, Subtraktion, Multiplikation und Division. Daneben sind meistens aber auch Verknüpfungen anderer Art möglich. Einige Grundoperationen sind reine Transportoperationen, die es z.B. ermöglichen, Inhalte gewisser Speicherzellen in speziellen Registern abzusetzen oder im Akkumulator angefallene Rechenergebnisse in einer bestimmten Zelle des Speichers zu notieren. Wiederum andere Befehle bewirken im Falle ihrer Ausführung das Einlesen einer Information vom Eingabegerät oder das Ausliefern eines Resultats an ein Ausgabegerät. Unter den "Steuerbefehlen", die steuernd in den Planablauf eingreifen, ist der sog. "Sprungbefehl". Wenn bei Abwicklung eines Programms bisher Befehle ausgeführt wurden, die in aufeinanderfolgenden Zellen p, p+1, p+2 usw. standen, so veranlaßt ein Sprungbefehl mit der Adresse q, daß im folgenden Befehle ausgeführt werden, die in den Zellen Nr. q, q+1, q+2 usw. gespeichert sind. Dieser Sprungbefehl ermöglicht insbesondere die Aufstellung zyklischer Programme. Im Befehlsvorrat eines jeden Rechenautomaten befinden sich stets auch sog. "bedingte Befehle". Dies sind Befehle, deren tatsächliche Durchführung etwa von in speziellen Registern angefallenen Rechenresultaten abhängig gemacht wird. In Verbindung mit dem Sprungbefehl ergibt sich so die Möglichkeit von "Programmverzweigungen", auf Grund deren der Automat zu verschiedenen Verhaltensweisen in Abhängigkeit von bisher ermittelten Resultaten veranlaßt werden kann.

Ohne näher auf Maschinenprogramme und ihre Erstellung einzugehen, sei hier als Anschauungsmaterial lediglich ein Maschinenprogramm angegeben, das dem Flußdiagramm des oben betrachteten ersten Programmierbeispiels (Bestimmung der größten Zahl eines Zahlsatzes) entspricht. Das folgende, für die Anlage Siemens 2002 verwendbare Maschinenprogramm setzt voraus, daß der Zahlenwert von N in Zelle 1000 und die Zahlenwerte von A_1, A_2, ... ab Zelle 1001 gespeichert sind. Das Programm selbst sei im Speicher ab Zelle 500 notiert.

Befehls-adresse	Befehl	Bemerkungen
500	TEP 1001	Setze M:= A_1 (M in Zelle 499)
501	TAS 499	
502	LIA 1/3	Setze I:= 2
503	IGR(1000)/3	Ist I-1 ≥ N?
504	SPR 508	nein: Sprung nach 508
505	TEP 499	ja: Drucke M und Stop
506	DAR	
507	STP	
508	TEP 1001/3	Hole A_I ins Rechenwerk
509	GSN 499	Bilde A_I- M
510	SAM 513	Sprung nach 513, falls A_I-M < 0
511	TEP 1001/3	Setze M:= A_I
512	TAS 499	
513	ADI 1/3	I:= I+1
514	SPR 503	Rücksprung nach 503

A n h a n g

Quizfragen

Bei jeder der folgenden Fragen ist genau eine Antwort richtig.

1) A sei die Menge der Herzkranken, B die Menge der Lungenkranken. Ist $A \cup B$ die Menge aller Patienten, die an

   a) mindestens einer
   b) beiden
   c) genau einer

   der genannten Krankheiten leiden?

2) A und B seien zwei Ereignisse, P(AB) ist die Wahrscheinlichkeit, daß

   a) A und B eintritt
   b) A oder B eintritt
   c) A eintritt unter der Bedingung, daß B eingetreten ist.

3) Von 10 000 Studierenden seien 8000 unverheiratet und 7000 männlich. Welche der folgenden Angaben kann nur richtig sein? Die Anzahl der unverheirateten männlichen Studenten beträgt

   a) 7500
   b) 4500
   c) 6500

4) $P(A \cup B \cup C) = P(A) + P(B) + P(C)$ gilt, wenn

   a) A, B und C unabhängige Ereignisse sind
   b) A, B und C sich gegenseitig ausschließende Ereignisse sind
   c) $A \cap B \cap C = \emptyset$

5) Unabhängigkeit zwischen zwei Ereignissen A und B bedeutet, daß die bedingte Wahrscheinlichkeit für das Eintreten von B, wenn A eintritt

   a) größer
   b) gleich
   c) kleiner

   ist, gegenüber dem Fall, daß $\complement A$ vorliegt.

6) 6 Jäger schießen gleichzeitig auf einen Fuchs. Jeder Jäger trifft den Fuchs gewöhnlich mit einem von 3 Schüssen. Die Wahrscheinlichkeit, daß der Fuchs getroffen wird, ist

a) $(\frac{1}{3})^6$
b) $1 - (\frac{2}{3})^6$
c) $(\frac{1}{6})^6$.

7) Es sei $A = \{-2, -1\}$, $B = \{0,1,2\}$, $C = \{1, 2, 3\}$, dann gilt
$(A \cap B) \cup C =$
a) $\emptyset$
b) C
c) $\{-2, -1, 0, 1, 2, 3\}$.

8) Bedeuten A, B und C die gleichen Mengen wie in 7), dann gilt
$(A \cup B) \cap C =$
a) $\emptyset$
b) $\{1, 2\}$
c) C .

9) Was ist $\complement\complement A$?
a) $\mathcal{X}$ (Stichprobenraum)
b) A
c) $\complement A$.

10) Die Standardabweichung s, die aus den drei Beobachtungen 0,5; 1; 1,5 berechnet wird, beträgt
a) 0,25
b) 0,5
c) $\sqrt{\frac{1}{6}}$

11) Welche der Folgen mit den Gliedern

a) $a : \mathbb{N} \to \mathbb{R}, \; a_n = \frac{5n^2 - 1}{n}$

b) $a : \mathbb{N} \to \mathbb{R}, \; a_n = \frac{5n^2 - 1}{n^2}$

c) $a : \mathbb{N} \rightarrow \mathbb{R}, \; a_n = \frac{5n-1}{n^2}$

besitzt keinen Grenzwert ?

12) Die Varianz gibt die mittlere quadratische Abweichung der Beobachtungen

a) vom Median
b) vom Mittelwert
c) von Null

an.

13) Welche Formel ist im allgemeinen für die Berechnung der Varianz zu bevorzugen?

a) $\Sigma(x_i-\bar{x})^2/(n-1)$
b) $(\sum_i x_i^2-(\sum_i x_i)^2/n)/(n-1)$
c) $(\Sigma x_i^2-n\bar{x}^2)/(n-1)$

14) Die Häufigkeitssumme H(x) gibt

a) den Anteil der Beobachtungen kleiner als x
b) die Anzahl der Beobachtungen kleiner als x
c) die Anzahl der Beobachtungen gleich x

an.

15) $x_{(1)}$ ist

a) die kleinste
b) die erste
c) die größte

Beobachtung einer Beobachtungsreihe.

16) Es ist $\sum_{i=1}^{2} \sum_{j=1}^{2} (i-1)j =$

a) 2
b) 3
c) 6

17) Wenn A und B sich gegenseitig ausschließende Ereignisse sind, dann gilt stets

a) $P(A \cup B) = P(A) + P(B)$
b) $P(A \cup B) = P(A) + P(B) - P(A)\,P(B)$
c) $P(A \cup B) = P(A) + P(B) - 2\,P(A)\,P(B)$.

18) Es ist Σa_i^2, wenn nicht alle a_i denselben Wert haben,

a) größer als
b) kleiner als
c) gleich

$$\frac{(\Sigma a_i)^2}{n}$$.

19) Bei einer diskreten Verteilung kann die Zufallsvariable

a) in allen Punkten eines Intervalls
b) auf der ganzen x-Achse
c) nur an endlich oder abzählbar vielen Punkten

Werte annehmen.

20) Es gilt:

a) $P(\complement A \cup \complement B) = 1 - P(A \cap B)$
b) $P(A \mid \complement B) = 1 - P(A \mid B)$
c) $P(A \complement B)/P(A) = P(B \mid A)$.

21) Der Korrelationskoeffizient ist gleich

a) dem Mittelwert der Regressionskoeffizienten
b) dem geometrischen Mittelwert der Regressionskoeffizienten
c) dem Produkt der Regressionskoeffizienten .

22) Die Regressionsgerade $y = a + bx$ minimiert die Quadrate der Abstände der Punkte (x_i, y_i) von der Regressionsgeraden

a) senkrecht zur Regressionsgeraden
b) senkrecht zur x-Achse
c) senkrecht zur y-Achse .

23) Wann gilt für die Regressionskoeffizienten $b_{yx} = \frac{1}{b_{xy}}$?

a) stets
b) wenn $r = 0$
c) wenn $r = 1$

24) Das Produkt zweier Matrizen kann man nur bilden, wenn

a) die Zeilenanzahl beider Matrizen gleich ist
b) die Zeilenanzahl des ersten Faktors gleich der Spaltenanzahl des zweiten Faktors ist
c) die Spaltenanzahl des ersten Faktors gleich der Zeilenanzahl des zweiten Faktors ist.

25) $\int_{-1}^{+1} 2dx =$

a) 0
b) 2
c) 4

26) Wenn eine Matrix mit ihrer Transponierten übereinstimmt, dann ist sie

a) symmetrisch
b) ein Vektor
c) die Einheitsmatrix .

27) Die Einheitsmatrix ist eine Matrix, bei der

a) sämtliche Elemente den Wert 1 haben
b) die Elemente in der Hauptdiagonalen den Wert 1 haben, die übrigen aber verschwinden
c) die Elemente in der Hauptdiagonalen den Wert 1 oder -1 besitzen.

28) Eine Gruppe von 10 Personen will einen Vorsitzenden, einen Schriftführer und einen Kassenwart wählen. Wenn niemand zwei Ämter bekleiden darf, beträgt die Anzahl der Möglichkeiten

a) 120
b) 1000
c) 720 .

29) Die Tschebyscheffsche Ungleichung besagt, daß die Wahrscheinlichkeit,daß eine Beobachtung außerhalb des Bereichs $(\mu-k\cdot\sigma,\ \mu+k\cdot\sigma)$ fällt,

a) genau
b) höchstens
c) mindestens

$1/k^2$ beträgt.

30) Die Aussage, daß der Mittelwert von gleich verteilten Zufallsvariablen asymptotisch normalverteilt ist, bezeichnet man als

a) zentralen Grenzwertsatz
b) asymptotische Effizienz
c) Gesetz der großen Zahlen .

31) Die Anzahl der Möglichkeiten, aus n Elementen zwei herauszugreifen, beträgt

a) 2^n

b) n^2

c) $\binom{n}{2}$.

32) $\binom{6}{3}$ ist

a) 2
b) 120
c) 20 .

33) $\det\begin{pmatrix}3 & 0\\0 & 3\end{pmatrix} =$

a) 0
b) 3
c) 9 .

34) Würden Sie für die Anzahl der Knaben in Familien mit 3 Kindern

a) die Poissonverteilung
b) die Binomialverteilung
c) die Normalverteilung

ansetzen?

35) Der Parameter m der Poissonverteilung bedeutet

a) den Median der Verteilung
b) Mittlere Anzahl der aufgetretenen Ereignisse
c) Wahrscheinlichkeit für das Auftreten eines Ereignisses .

36) Wenn σ^2 die Varianz der einzelnen Beobachtungen ist, wie groß ist die Varianz des arithmetischen Mittels von n unabhängigen Beobachtungen?

a) σ^2/n

b) $n\sigma^2$

c) $\sigma^2/\sqrt{n}$

37) Für welche Meßreihe würden Sie eine Poissonverteilung annehmen?

a) Länge neugeborener Kinder
b) Anzahl der Blutkörperchen im Zählquadrat einer Zählkammer
c) Anzahl der 'geraden' Wurfergebnisse bei n-maligem Würfeln mit einem Würfel

38) Die Verteilungsfunktion F(x) gibt für jedes x die Wahrscheinlichkeit dafür an, daß die Zufallsvariable einen Wert

a) größer als x
b) nicht größer als x
c) gerade x

annimmt.

39) Ein Gleichungssystem mit zwei Gleichungen von zwei Unbekannten hat genau eine Lösung, wenn die durch sie dargestellten Geraden

a) sich schneiden
b) parallel verlaufen
c) zusammenfallen.

40) Ein Schätzwert $\hat{\theta}$ für den Parameter θ heißt konsistent, wenn

a) $E(\hat{\theta}) = \theta$
b) $V(\hat{\theta}) = \min.$
c) $\hat{\theta}$ mit wachsender Beobachtungsanzahl stochastisch gegen θ strebt.

41) Der Korrelationskoeffizient ist ein Maß für

a) die Lokalisation
b) die Variabilität
c) den Zusammenhang.

42) Bei zweivariablen Verteilungen kann $F(a,-\infty)$

a) nur den Wert 0
b) nur den Wert 1
c) jeden Wert zwischen 0 und 1

annehmen.

43) Abhängigkeit der Zufallsvariablen X und Y folgt aus

a) cov(X,Y) = 1,25
b) V(X) = V(Y)
c) der Tatsache, daß alle Beobachtungswerte von X größer sind als alle Werte von Y.

44) Für welche der Größen der Regressionsgleichung

$$y_i = \mu + \beta\,(x_i - \bar{x}) + \varepsilon_i$$

wird Normalverteilung angenommen?

a) μ
b) β
c) ε_i

45) Der Regressionskoeffizient ist der

a) Tangens des Winkels
b) der Winkel
c) der Cosinus des Winkels

zwischen x-Achse und Regressionsgerade .

46) Was folgt aus Unabhängigkeit von X, Y für ρ_{xy}?

a) $\rho_{xy} \neq 0$
b) $|\rho_{xy}| = 1$
c) $\rho_{xy} = 0$

47) Wie groß ist β_{yx} bei $\sigma_x^2 = \sigma_y^2$?

a) $1/\beta_{xy}$
b) β_{xy}
c) $\beta_{xy}^2/\sigma_x\sigma_y$

48) Für die Inverse A^{-1} einer Matrix A gilt

a) $A + A^{-1} = I$
b) $AA^{-1} = I$
c) $AA^{-1} \neq A^{-1}A$.

49) Ein lineares Gleichungssystem von n Gleichungen mit n Unbekannten hat genau eine Lösung, wenn

a) die Determinante Null ist
b) es keine inverse Matrix gibt
c) wenn die Determinante nicht verschwindet .

50) Eine Irrtumswahrscheinlichkeit von 5% bedeutet

a) H_0 wird mit 5% Wahrscheinlichkeit nicht abgelehnt, wenn H_1 richtig ist
b) H_1 wird mit 5% nicht abgelehnt, wenn H_1 richtig ist
c) H_0 wird mit 5% Wahrscheinlichkeit abgelehnt, wenn H_0 richtig ist.

51) Die Verteilung der Anzahl der unabhängigen Versuche, die notwendig sind, bis einmal das gewünschte Ergebnis eingetreten ist, ist

a) die Gleichverteilung
b) die Exponentialverteilung
c) die geometrische Verteilung .

52) Ein Toleranzintervall ist im allgemeinen

a) größer als das
b) kleiner als das
c) kleiner oder gleich dem

Konfidenzintervall mit gleicher Irrtumswahrscheinlichkeit für μ.

53) Wenn man bei gleichbleibendem Stichprobenumfang die Irrtumswahrscheinlichkeit α verringert, wird die Wahrscheinlichkeit für den Fehler 2. Art

a) größer
b) kleiner
c) nicht verändert .

54) Im Bereich $(\bar{x} - 2s, \bar{x} + 2s)$ liegen bei Normalverteilung etwa

a) 68%
b) 90%
c) 95%

der Beobachtungen .

55) Für den Korrelationskoeffizienten ϱ gilt

a) $0 \leq \varrho \leq 1$

b) $-1 \leq \varrho \leq 1$

c) $-1 < \varrho < 1$.

56) Bei einer Einfachklassifikation mit k Klassen ist die Anzahl der Wiederholungen

a) stets k

b) beliebig

c) stets k^2 .

57) Es ist

a) $\frac{SQ}{FG} = MQ$

b) $SQ \cdot FG = MQ$

c) $\frac{SQ}{FG} = SQ$.

58) σ ist

a) ein Parameter

b) eine Prüfgröße

c) eine Zufallsvariable .

59) Der Regressionskoeffizient $ß_{yx}$ gibt an, um wieviel

a) x im Mittel zunimmt, wenn y eine Einheit größer ist

b) y im Mittel zunimmt, wenn x eine Einheit größer ist

c) y im Mittel zunimmt, wenn x eine Standardabweichung größer ist.

60) Es ist $u_{1-\alpha}$ =

a) $1-u_{\alpha}$

b) u_{α}

c) $-u_{\alpha}$

61) Der Vorzeichentest wurde bei 640 normal verteilten Beobachtungen angewandt. Dies entspricht in Irrtumswahrscheinlichkeit und Schärfe etwa dem hier optimalen t-Test bei

a) 1000 Beobachtungen

b) 640 Beobachtungen

c) 410 Beobachtungen .

62) Bei allen verteilungsunabhängigen Testverfahren ist im Gegensatz zu den klassischen die Annahme

a) der Normalverteilung

b) der Unabhängigkeit

c) der gleichen Varianz

unnötig.

63) Wenn $U_1,\ldots,U_n$ unabhängige normalverteilte Zufallsvariable mit dem Mittelwert 0 und der Varianz 1 sind, dann ist ΣU_i^2

a) normalverteilt

b) t-verteilt

c) χ^2-verteilt .

64) Es ist $t^2_{n-1,\ 1-\alpha}$ =

a) $F_{1,n-1,\ 1-2\alpha}$

b) $F_{1,n-1,\ 1-\frac{\alpha}{2}}$

c) $F_{1,\ n-1,\ 1-\alpha}$.

65) Wozu dient ein statistischer Test?

a) Ermittlung des Betrages einer Differenz

b) Prüfen einer statistischen Hypothese

c) Schätzen eines Parameters .

66) Sei ν die Anzahl der Freiheitsgrade von SQ_ε und ε normalverteilt, dann ist bei der Einfachklassifikation SQ_ε/σ^2 verteilt wie

a) χ^2_ν

b) $F_{I-1,\nu}$

c) t^2_ν .

67) Das 95% Konfidenzintervall von μ gibt an

a) einen Bereich, der bei der Irrtumswahrscheinlichkeit von 5% den Parameter μ enthält

b) einen Bereich, der eine spätere Beobachtung mit der Wahrscheinlichkeit von 95% enthält

c) einen Bereich, der 95% aller zukünftigen Beobachtungen enthält.

68) Die Zufallsvariable $\nu \cdot F_{\nu,n}$ nähert sich mit wachsenden n der

a) Normalverteilung
b) χ^2-Verteilung
c) t-Verteilung .

69) Welche der Verteilungen ist symmetrisch?

a) χ^2-Verteilung
b) F-Verteilung
c) t-Verteilung

70) Die Risikofunktion $r(P,\delta)$ gibt

a) den Verlust an, den man bei Vorliegen von P erleidet, wenn die Entscheidung δ getroffen wird,
b) den Verlust an, den man bei P erwartet, wenn man die Entscheidungsfunktion δ wählt,
c) das Risiko an, das bei der a-priori-Verteilung δ auftritt.

71) Der partielle Korrelationskoeffizient β_1 gibt die mittlere Vergrößerung von y an, wenn x_1 eine Einheit größer ist

a) ohne Beachtung von $x_2,\ldots,x_n$

b) aber $x_2,\ldots,x_n$ konstant bleiben

c) auch $x_2,\ldots,x_n$ eine Einheit größer sind.

72) Die Wahrscheinlichkeit dafür, daß bei zweimaligem Würfeln mit je zwei Würfeln mindestens ein Sechserpasch (d.h. beide Würfel zeigen die 6) eintritt, beträgt

a) $1 - (\frac{5}{6})^2$

b) $\frac{1}{36}$

c) $1 - (\frac{35}{36})^2$.

73) Die einfache Varianzanalyse setzt voraus, daß

a) in allen Gruppen gleich viele Personen beobachtet wurden
b) die Varianzen in den Gruppen gleichgroß sind
c) in jeder Gruppe dieselben Personen beobachtet wurden.

74) Die Korrelation von y mit x_2 bei festgehaltenen x_1 ist

a) die partielle Korrelation $r_{yx_2 \cdot x_1}$
b) die multiple Korrelation $r_{y \cdot x_1 x_2}$
c) die partielle Korrelation $r_{yx_1 \cdot x_2}$.

75) Die Verteilung der Stichprobenvarianz kann durch die

a) χ^2-Verteilung
b) Poissonverteilung
c) t-Verteilung

beschrieben werden. (Normalverteilung der Beobachtungen vorausgesetzt.)

76) Gegeben sind drei Gruppen mit je 6 Personen. Gerechnet wird eine einfache Varianzanalyse. Wie groß ist die Anzahl der Freiheitsgrade für MQ_ε ?

a) 2
b) 17
c) 15

77) Die Effizienz eines Tests zu einem andern ist

a) das Verhältnis der Wahrscheinlichkeiten für den Fehler 2. Art
b) das Verhältnis der Schärfe beider Tests
c) das Verhältnis der Stichprobenumfänge, bei denen beide Testverfahren gleiche Schärfe haben.

78) Bei Binomialverteilung ist die Varianz stets

a) kleiner als der
b) größer als der
c) gleich dem

Mittelwert.

79) Welche Behauptung über zweivariable Verteilungen gilt:

a) aus Unabhängigkeit folgt Unkorreliertheit
b) aus Unkorreliertheit folgt Unabhängigkeit
c) aus Unabhängigkeit folgt Korreliertheit

80) Die Diskriminanzanalyse (Trennanalyse) hat das Ziel

a) aufgrund von zwei Stichproben aus zwei Gruppen zukünftige Individuen diesen beiden Gruppen zuordnen zu können
b) eine Gesamtheit von Individuen in zwei nicht vorher definierte Gruppen aufzugliedern
c) eine Gruppe von Individuen in zwei Gruppen zu trennen.

81) Die Eigenwerte einer Diagonalmatrix sind

a) die Reziproken der Elemente der Hauptdiagonalen
b) die Elemente der Hauptdiagonalen
c) die Wurzeln der Determinanten der Matrix .

82) Wenn bei der Durchsicht dieser Aufgaben ein Kreuz an falscher Stelle mit 1, an richtiger Stelle mit 0 benotet wird, wie groß ist der Erwartungswert der Note pro Aufgabe, wenn rein zufällig angekreuzt wird?

a) 1
b) $\frac{2}{3}$
c) $\frac{1}{3}$

83) Beim zufälligen Modell der Varianzanalyse $X_{ij} = \mu + \alpha_i + \varepsilon_{ij}$ ist vorausgesetzt

a) $\Sigma\alpha_i = 0$
b) $\Sigma\alpha_i^2 = 0$
c) $E(\alpha_i) = 0$.

84) In der Bayesschen Formel $P(A_k|B) = \dfrac{P(A_k)P(B|A_k)}{\sum\limits_{i=1}^{n} P(A_i)P(B|A_i)}$

wird über die Ergebnisse $A_1,\ldots,A_n$ vorausgesetzt, daß sie

a) unabhängig
b) abhängig

c) sich gegenseitig ausschließend

sind.

85) Es ist $u_{0,05}$ =

a) 1,96
b) -1,96
c) -1,64 .

86) Was bedeutet ein nichtsignifikantes Testergebnis bei einem Vergleich zweier relativer Häufigkeiten?

a) Es besteht in Wirklichkeit kein Häufigkeitsunterschied.
b) Es besteht kein Widerspruch zur Annahme gleicher Häufigkeiten.
c) Die Gleichheit der beiden Häufigkeiten ist signifikant.

87) Es wurden in 20 Versuchen je 10 Vergleiche mit Hilfe des Scheffé-Tests durchgeführt. Bei der Irrtumswahrscheinlichkeit $\alpha = 5\%$ ist unter der Nullhypothese zu erwarten, daß im Mittel

a) nur in einem Versuch Vergleiche signifikant sind
b) ein Vergleich signifikant ist
c) 10 Vergleiche signifikant sind .

88) Unter der Annahme, daß linksseitige Migräne gleichwahrscheinlich wie rechtsseitige ist, beträgt die Wahrscheinlichkeit, daß 10 zufällig ausgewählte Migränepatienten Migräne auf der gleichen Seite haben

a) $\frac{1}{1024}$

b) $\frac{1}{512}$

c) $\frac{1}{10}$.

89) Bei einem nicht signifikanten F-Wert zur Prüfung von $H_0 : \Sigma\tau_i^2 = 0$ ist ein linearer Vergleich $\Sigma c_i \tau_i$ $(\Sigma c_i=0)$ nach Scheffé

a) nie signifikant
b) stets signifikant
c) der Vergleich kann, braucht aber nicht signifikant zu sein.

90) Bei einer Varianzanalyse von je n Beobachtungswerten in k Gruppen kann man höchstens

a) k
b) k-1
c) n(k-1)

orthogonale Mittelwertsvergleiche machen.

91) Der Versuch, bei dem die gleichen n Personen nacheinander zwei Schlafmittel erhielten, ist eine

a) Einfachklassifikation mit zwei Behandlungen
b) Hierarchische Klassifikation
c) Blockversuch mit n Blöcken .

92) Bei einer Meinungsumfrage wurde festgestellt, daß sich die Beliebtheit einer Persönlichkeit von 30% bei einer früheren Umfrage auf 35% vergrössert hat. Bei beiden Umfragen wurden je 1000 Personen befragt. Welches Prüfmaß würden Sie verwenden?

a) $\frac{(350 - 300)}{\sqrt{300 \cdot 0,7}}$

b) $\frac{(350 \cdot 700 - 300 \cdot 650)^2 \cdot 2000}{1000 \cdot 1000 \cdot 650 \cdot 1350}$

c) $\frac{(350 - 300)^2}{300 + 350}$

93) Von allen Beobachtungen x_i sei eine konstante Grösse a abgezogen worden; ist diese für die Berechnung der Varianz

a) mit a^2
b) mit a
c) nicht zu berücksichtigen?

94) An einer Baustelle ist ein neuer Bagger eingesetzt. Von 10 vorbeigehenden Männern bleiben 8, von 20 vorbeigehenden Frauen keine stehen. Welcher Test kann verwendet werden, um zu prüfen, ob Männer an Baggern mehr interessiert sind als Frauen?

a) der Vorzeichentest
b) der Vierfeldertest
c) der F-Test

95) Beim χ^2-Anpassungstest für die Prüfung, ob eine Normalverteilung vorliegt, werden Mittelwert und Varianz geschätzt. Wie gross ist die Anzahl der Freiheitsgrade des Prüfmaßes, wenn insgesamt fünf Intervalle gebildet wurden?

a) 5
b) 2
c) 4

96) Bei k linearen Vergleichen $\sum_i c_{mi} \bar{Y}_i$ (m=1,...,k) müssen die Koeffizienten c_{mi} folgenden Bedingungen genügen:

a) $\sum_i c_{mi}^2 = 0$

b) $\sum_m c_{mi} = 0$

c) $\sum_i c_{mi} = 0$.

97) Bei der Zweifachklassifikation mit Wiederholungen wird als Modell

a) $Y_{ijk} = \mu + \tau_i + \beta_j + \gamma_k + \varepsilon_{ijk}$
b) $Y_{ijk} = \mu + \tau_i + \beta_j + (\tau\beta)_{ij} + \varepsilon_{ijk}$
c) $Y_{ijk} = \mu + \tau_i + \beta_{ij} + \gamma_k + \varepsilon_{ijk}$

verwendet.

98) Das feste und das zufällige Modell unterscheiden sich

a) in der Ausrechnung der mittleren Abweichungsquadrate
b) in der Zahl der Freiheitsgrade
c) in der Art der durchzuführenden Testverfahren .

99) Fünf Personen wurden dreimal und zwar im Alter von 10, 15 und 20 Jahren untersucht. Handelt es sich um

a) eine Einfachklassifikation
b) eine Zweifachklassifikation mit Wiederholung
c) einen Blockversuch?

100) Das Vorhandensein einer Wechselwirkung A × B besagt, daß

a) die Faktoren A und B verschieden stark wirksam sind
b) der Faktor B auf verschiedenen Stufen des Faktors A unterschiedlich wirkt
c) die Beobachtungen nicht unabhängig sind .

101) Das Modell $Y_{ij} = \mu + \alpha_i + \beta_j + \varepsilon_{ij}$ enthält

a) **eine** Wechselwirkung
b) 2 kreuzklassifizierte Faktoren
c) 2 hierarchische Faktoren .

102) Was ist das Grundproblem bei der automatischen Klassifikation?

a) Reduktion der Anzahl der (untersuchten) Merkmale
b) Zuordnung eines Objekts zu einer Anzahl fester Gruppen
c) Auffinden homogener Gruppen von Objekten

103) Einem Chemiker liegen aus seinem Laboratorium 4 Bestimmungen des Schmelzpunktes einer Legierung vor: 1269, 1271, 1263 und 1265° C. Zur Prüfung, ob die Ergebnisse von dem veröffentlichten Wert des Schmelzpunktes (1260°C) signifikant abweichen, ist

a) der t-Test
b) der u-Test
c) der Vierfeldertest

zu verwenden.

104) Welche der Distanz- bzw. Ähnlichkeitsmaße für qualitative Merkmale sind "skaleninvariant":

a) Euklidischer Abstand d_{ij}
b) Mahalanobis-Abstand d_{ij}
c) Korrelationskoeffizient zwischen den Objekten: $s_{ij} = r_{ij}$?

105) Die Objekte O_2 und O_5 seien durch die Vektoren

$$x_2 = \begin{pmatrix} 4,0 \\ -3,0 \\ 2,0 \\ 1,0 \end{pmatrix} \quad \text{und } x_5 = \begin{pmatrix} 5,0 \\ 1,0 \\ 3,0 \\ -1,0 \end{pmatrix}$$

repräsentiert. Welche Formel ergibt ein vernünftiges Distanzmaß?

a) $d_{25}^2 = (\frac{4,0-3,0+2,0+1,0}{4} - \frac{5,0+1,0+3,0-1,0}{4})^2 = 1$

b) $d_{25}^2 = (4,0-5,0)^2+(-3,0-1,0)^2+(2,0-3,0)^2+(1,0-(-1,0))^2 = 22$

c) Korrelationskoeffizient r_{25} zwischen x_2 und x_5.

106) Für die Anwendung der folgenden Formel für den Vergleich zweier Mittelwerte

$$t = \frac{\bar{x}_1 - \bar{x}_2}{\sqrt{\Sigma x_{1i}^2 + \Sigma x_{2i}^2 - \frac{(\Sigma x_{1i})^2}{n_1} - \frac{(\Sigma x_{2i})^2}{n_2}}} \sqrt{\frac{n_1 . n_2(n_1+n_2-2)}{n_1 + n_2}}$$

ist Voraussetzung

a) gleiche Beobachtungszahlen
b) gleiche Varianzen
c) paarige Beobachtungen.

107) Der t-Test kann verwendet werden zur Prüfung der Hypothese,

a) dass zwei Varianzen gleich sind
b) dass zwei Mittelwerte gleich sind
c) dass Normalverteilung vorliegt .

108) Die Anzahl der bei einem Sequentialtest benötigten Beobachtungen ist

a) immer kleiner
b) kleiner oder größer
c) immer größer

als die Anzahl der Beobachtungen bei einem entsprechenden Test mit festem Stichprobenumfang.

109) In dem Modell $Y_{ijk} = \mu + \alpha_i + \beta_j + (\alpha\beta)_{ij} + \varepsilon_{ijk}$, α fest, β zufällig, testet man die Hypothese $H_0^A : \sum_i \alpha_i^2 = 0$ mittels der Größe

a) $MQ_\alpha/MQ_{\alpha\beta}$
b) MQ_α/MQ_ε
c) MQ_α/MQ_β

110) Es seien je 10 Personen mit den Präparaten A, B und C behandelt worden. Es soll C mit B und A mit dem Mittelwert von C und B verglichen werden. Die Koeffizienten für die beiden orthogonalen Vergleiche lauten

	a)		b)		c)	
A	0	1	0	2	0	10
B	-1	-1	-1	-1	-10	-1
C	1	-1	1	-1	10	-1

111) Bei einem lateinischen Quadrat werden

a) 2
b) 3
c) 4
Faktoren untersucht.

112) Der Schnelltest der Hypothese $H_0: \mu = \mu_0$, bei dem die Standardabweichung durch den Bereich $x_{(n)} - x_{(1)}$ ersetzt ist, hat

a) die gleiche
b) eine höhere
c) eine niedrigere

Irrtumswahrscheinlichkeit α als der entsprechende t-Test.

113) Man erhält eine quadratische Diskriminanzfunktion, weil

a) die Beobachtungen nicht normalverteilt sind
b) die Kovarianzen in den zu unterscheidenden Populationen verschieden sind
c) die Verteilungen der Populationen nicht exakt bekannt sind.

114) Bei einem vollständig ausgewogenen Blockversuchsplan ist die Anzahl der verschiedenen Behandlungen

a) kleiner als die
b) gleich der
c) größer als die

Anzahl der Versuchseinheiten in einem Block.

115) Für immer größere Gruppenunterschiede in der MANOVA strebt das Wilk'sche Λ (stochastisch) gegen

a) $+ \infty$

b) $-\infty$

c) o .

116) Das auf dem Vorzeichentest beruhende Konfidenzintervall für den Median einer Verteilung setzt

a) Stetigkeit der Verteilung

b) Symmetrie der Verteilung

c) Unabhängigkeit

voraus.

117) Wenn man bei n beobachteten Zufallsvektoren die 1. Komponente möglichst gut durch die übrigen Komponenten beschreiben will, wendet man

a) Multiple Regression

b) Hauptkomponentenanalyse

c) Faktoranalyse

an.

118) Die Varianzen der Schätzungen für den Mittelwertsparameter sind in der univariaten Varianzanalyse im Vergleich zur multivariaten Varianzanalyse

a) größer

b) gleich

c) kleiner.

119) Der Vorzeichentest ist ein Spezialfall des

a) χ^2-Anpassungstests

b) Vierfeldertests

c) F-Tests

120) Der Rang der aus n k-dimensionalen Beobachtungen geschätzten Kovarianzmatrix ist höchstens

a) n-k

b) n-1

c) min(k,n).

121) Die Kommunalität h_j^2 eines Merkmals bei der Faktoranalyse ist

a) die mittlere Varianz der Korrelationskoeffizienten mit dem j-ten Merkmal
b) der Anteil des j-ten Merkmals an der durch die Faktorstruktur erklärten Varianz
c) der spezifische Anteil des j-ten Merkmals an der nicht durch die Faktoren erklärten Varianz.

122) Bei Vegetationsuntersuchungen werden von zahlreichen Probeflächen folgende Daten gewonnen:

α) Mengen jeder Pflanzenart in einer geeignet abgestuften Skala, die auf der Probefläche vorhanden sind, und
ß) Meßwerte, die die physikalische und chemische Beschaffenheit des Bodens bzw. des Mikroklimas betreffen.

Zur Untersuchung der Frage, wie die Vegetation in Typen zu gliedern ist, wird vorgeschlagen

a) Automatische Klassifikation
b) Diskriminanzanalyse
c) Multiple Regression.

123) Mit den Daten der Frage 122) sollen für die einzelnen Typen charakteristische Merkmale gefunden werden, um für eine Vegetationslandkarte leicht große Flächen zu registrieren. Dazu wird vorgeschlagen:

a) Diskriminanzanalyse
b) Faktoranalyse
c) Hauptkomponentenanalyse.

124) Mit den Daten der Frage 122) sucht man Hinweise dafür, wie Bodenbeschaffenheit und Klimafaktoren die Vegetation beeinflussen. Welche Methode wird vorgeschlagen?

a) Faktoranalyse
b) Multiple Regression
c) Manova

125) Wenn man mit Codewörtern aus je n Zeichen N Nachrichten verschlüsseln kann, dann kann man mit Codewörtern aus 2n Zeichen

a) 2N
b) N^2
c) N^n

Wörter verschlüsseln.

126) Wenn in einem Verzweigungsprozeß der Erwartungswert der Anzahl der Nachkommen den Wert 1 hat, dann stirbt der Prozeß
a) mit Sicherheit
b) mit einer Wahrscheinlichkeit $p(0 < p < 1)$
c) nicht
aus.

127) An einer großen Stichprobe von Individuen wurden 40 Merkmale gemessen. Um diese Daten möglichst einfach zu beschreiben, kann

a) Diskriminanzanalyse
b) Korrelation
c) Faktoranalyse

verwendet werden.

128) Bei dem Einstichprobenproblem gelten für die Wahrscheinlichkeiten des Fehlers 2. Art beim t-Test ($ß_t$), beim Wilcoxontest ($ß_w$) und Vorzeichentest ($ß_v$) die Beziehungen

a) $ß_t < ß_w < ß_v$
b) $ß_v < ß_w < ß_t$
c) $ß_w < ß_v < ß_t$

(Normalverteilung und gleicher Stichprobenumfang vorausgesetzt).

129) Nach Dokumentation einer Reihe von einerseits klinischen und andererseits soziologischen Merkmalen von ambulanten Behandlungsfällen soll geklärt werden, ob diese Merkmale Zusammenhänge aufweisen. Hierfür verwendet man die

a) Faktoranalyse
b) Diskriminanzanalyse
c) Kanonische Korrelation .

130) Von zwei zufällig ausgewählten Gruppen von Versuchspersonen wurde eine mit Präparat A, die andere mit Präparat B behandelt und jeweils mehrere Merkmale gemessen. Man möchte untersuchen, ob die Wirkung von A verschieden ist von der Wirkung von B. Zur Klärung verwendet man

a) Diskriminanzanalyse
b) MANOVA
c) Automatische Klassifikation .

131) Bei einer Kovarianzmatrix sei σ^2_{max} das größte Diagonalelement. Dann ist der größte Eigenwert dieser Matrix

a) kleiner oder gleich
b) gleich
c) größer oder gleich

σ^2_{max}.

132) Bei einer Varianzanalyse mit einem Modell der 2-Faktorkreuzklassifikation habe der 1. Faktor 6 und der 2. Faktor 4 Stufen. Die Anzahl der Freiheitsgrade der Wechselwirkung ist

a) 24
b) 15
c) 10 .

133) Ein Patient P soll sich der Operation A und nach geraumer Zeit der Operation B unterziehen. 0,1 und 0,2 seien jeweils die Wahrscheinlichkeiten, die Operation nicht zu überleben. Wie groß ist die Wahrscheinlichkeit, daß P nicht beide Operationen überlebt?

a) 0,3
b) 0,28
c) 0,2

134) Eine Spalte einer Lochkarte hat 12 Löcher. Wieviele verschiedene Nachrichten lassen sich in ihr maximal speichern?

a) 12
b) 12^2
c) 2^{12}

135) Gegen ein seltenes Leiden seien 2 Medikamente A,B vorgeschlagen, die aber beide denselben unerwünschten Nebeneffekt hervorrufen können. Von insgesamt 30 Patienten wurden rein zufällig je 15 mit A bzw. B behandelt. Dabei trat in der A-Gruppe bei 10 Personen, in der B-Gruppe nur bei 4 Personen der Nebeneffekt auf. Zur Prüfung, ob B unbedenklicher als A ist, wird

a) der Vorzeichentest
b) der Test von Mc Nemar
c) der Vierfeldertest

vorgeschlagen.

136) Zwei Vergleiche $\Sigma c_{mi}\bar{Y}_{i.}$ und $\Sigma c_{m'i}\bar{Y}_{i.}$ sind orthogonal, wenn

a) $\sum_i c_{mi}c_{m'i} = 1$

b) $\sum_i c_{mi}c_{m'i} = 0$

c) $\sum\sum_{mm'} c_{mi}c_{m'i} = 0$.

137) Wozu braucht man den zweiseitigen F-Test?

a) zur Prüfung "zwischen den Gruppen"
b) zum Vergleich zweier geschätzter Varianzen
c) zur Prüfung über Voraussagen einer Poissonverteilung

138) Zur Prüfung der Frage,ob sich bei verschiedenen Schweregraden einer Krankheit die Laborwerte der Blutuntersuchung unterscheiden,ist die

a) Faktoranalyse
b) MANOVA
c) Diskriminanzanalyse

geeignet.

139) Die graphische Methode zur Automatischen Klassifikation (single-link cluster analysis) habe als Minimalbaum die Konfiguration

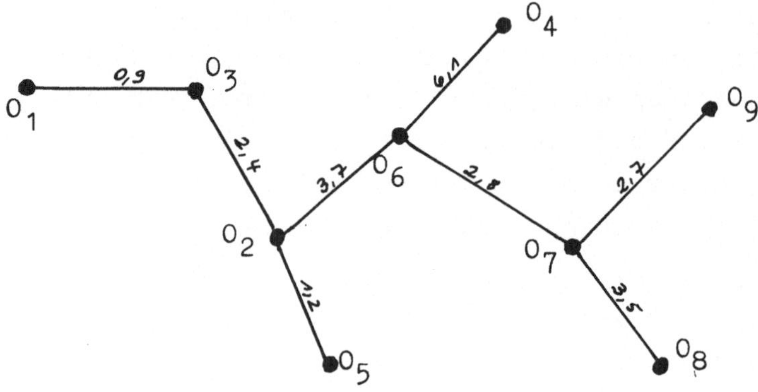

(mit den zugehörigen Distanzen) ergeben. Welches ist die Gruppierung der Stufe d = 3,0?

a) (0_1), (0_7), $(0_2,0_6)$, $(0_3,0_4,0_9)$, $(0_5,0_8)$

b) (0_1), (0_3), (0_5), (0_9), $(0_2,0_6)$, $(0_7,0_8)$

c) (0_4), (0_8), $(0_6,0_7,0_9)$, $(0_1,0_2,0_3,0_5)$

140) Aus einer graphischen Darstellung einer Hierarchie entsteht ein Dendrogramm, indem man hinzufügt:

a) eine Liste der zunächst liegenden Nachbargruppen

b) den Ähnlichkeitsgrad, bei dem die verschiedenen Gruppen agglomeriert werden

c) die Distanzen zwischen allen aufgeführten Gruppen.

141) Für eine Gruppe der Stufe d (vergl. Aufgabe 139) gilt nicht:

a) Für je zwei Objekte 0_i, 0_j in der gleichen Gruppe ist $d_{ij} \leq d$

b) Für mindestens zwei Objekte 0_i, 0_j in der gleichen Gruppe ist $d_{ij} \leq d$

c) Wenn $d_{ij} \leq d$, dann gehören 0_i und 0_j der gleichen Gruppe an

142) Wieviele der 142 Quizfragen mußten Sie mindestens richtig haben, um mit Irrtumswahrscheinlichkeit α = 0,05 die Hypothese, nur rein zufällig angekreuzt zu haben, ablehnen zu können?

a) 57

b) 47

c) 90

Lösungen der Quizfragen

1 a	11 a	21 b	31 c	41 c	51 c	61 c	71 b	81 b	91 c
2 a	12 b	22 b	32 c	42 a	52 a	62 a	72 c	82 b	92 b
3 c	13 b	23 c	33 c	43 a	53 a	63 c	73 b	83 c	93 c
4 b	14 a	24 c	34 b	44 c	54 c	64 a	74 a	84 c	94 b
5 b	15 a	25 c	35 b	45 a	55 b	65 b	75 a	85 c	95 b
6 b	16 b	26 a	36 a	46 c	56 b	66 a	76 c	86 b	96 c
7 b	17 a	27 b	37 b	47 b	57 a	67 a	77 c	87 a	97 b
8 b	18 a	28 c	38 b	48 b	58 a	68 b	78 a	88 b	98 c
9 b	19 c	29 b	39 a	49 c	59 b	69 c	79 a	89 a	99 c
1o b	2o a	3o a	4o c	5o c	6o c	7o b	8o a	9o b	1oo b

1o1 b	111 b	121 b	131 c	141 a
1o2 c	112 a	122 a	132 b	142 a
1o3 a	113 b	123 a	133 b	
1o4 b	114 b	124 b	134 c	
1o5 b	115 c	125 b	135 c	
1o6 b	116 c	126 a	136 b	
1o7 b	117 a	127 c	137 b	
1o8 b	118 b	128 a	138 b	
1o9 a	119 a	129 c	139 c	
11o b	12o c	13o b	14o b	

Lecture Notes in Operations Research and Mathematical Systems

Vol. 1: H. Bühlmann, H. Loeffel, E. Nievergelt, Einführung in die Theorie und Praxis der Entscheidung bei Unsicherheit. 2. Auflage, IV, 125 Seiten 4°. 1969. DM 12,– / US $ 3.30

Vol. 2: U. N. Bhat, A Study of the Queueing Systems M/G/1 and GI/M/1. VIII, 78 pages. 4°. 1968. DM 8,80 / US $ 2.50

Vol. 3: A. Strauss, An Introduction to Optimal Control Theory. VI, 153 pages. 4°. 1968. DM 14,– / US $ 3.90

Vol. 4: Einführung in die Methode Branch and Bound. Herausgegeben von F. Weinberg. VIII, 159 Seiten. 4°. 1968. DM 14,– / US $ 3.90

Vol. 5: L. Hyvärinen, Information Theory for Systems Engineers. VIII, 205 pages. 4°. 1968. DM 15,20 / US $ 4.20

Vol. 6: H. P. Künzi, O. Müller, E. Nievergelt, Einführungskursus in die dynamische Programmierung. IV, 103 Seiten. 4°. 1968. DM 9,– / US $ 2.50

Vol. 7: W. Popp, Einführung in die Theorie der Lagerhaltung. VI, 173 Seiten. 4°. 1968. DM 14,80 / US $ 4.10

Vol. 8: J. Teghem, J. Loris-Teghem, J. P. Lambotte, Modèles d'Attente M/G/1 et GI/M/1 à Arrivées et Services en Groupes. IV, 53 pages. 4°. 1969. DM 6,– / US $ 1.70

Vol. 9: E. Schultze, Einführung in die mathematischen Grundlagen der Informationstheorie. VI, 116 Seiten. 4°. 1969. DM 10,– / US $ 2.80

Vol. 10: D. Hochstädter, Stochastische Lagerhaltungsmodelle. VI, 269 Seiten. 4°. 1969. DM 18,– / US $ 5.00

Vol. 11/12: Mathematical Systems Theory and Economics. Edited by H. W. Kuhn and G. P. Szegö. VIII, IV, 486 pages. 4°. 1969. DM 34,– / US $ 9.40

Vol. 13: Heuristische Planungsmethoden. Herausgegeben von F. Weinberg und C. A. Zehnder. II, 93 Seiten. 4°. 1969. DM 8,– / US $ 2.20

Vol. 14: Computing Methods in Optimization Problems. Edited by A. V. Balakrishnan. V, 191 pages. 4°. 1969. DM 14,– / US $ 3.90

Vol. 15: Economic Models, Estimation and Risk Programming: Essays in Honor of Gerhard Tintner. Edited by K. A. Fox, G. V. L. Narasimham and J. K. Sengupta. VIII, 461 pages. 4°. 1969. DM 24,– / US $ 6.60

Vol. 16: H. P. Künzi und W. Oettli, Nichtlineare Optimierung: Neuere Verfahren, Bibliographie. IV, 180 Seiten. 4°. 1969. DM 12,– / US $ 3.30

Vol. 17: H. Bauer und K. Neumann, Berechnung optimaler Steuerungen, Maximumprinzip und dynamische Optimierung. VIII, 188 Seiten. 4°. 1969. DM 14,– / US $ 3.90

Vol. 18: M. Wolff, Optimale Instandhaltungspolitiken in einfachen Systemen. V, 143 Seiten. 4°. 1970. DM 12,– / US $ 3.30

Vol. 19: L. Hyvärinen, Mathematical Modeling for Industrial Processes. VI, 122 pages. 4°. 1970. DM 10,– / US $ 2.80

Vol. 20: G. Uebe, Optimale Fahrpläne. IX, 161 Seiten. 4°. 1970. DM 12,– / US $ 3.30

Vol. 21: Th. Liebling, Graphentheorie in Planungs- und Tourenproblemen am Beispiel des städtischen Straßendienstes. IX, 118 Seiten. 4°. 1970. DM 12,– / US $ 3.30

Vol. 22: W. Eichhorn, Theorie der homogenen Produktionsfunktion. VIII, 119 Seiten. 4°. 1970. DM 12,– / US $ 3.30

Vol. 23: A. Ghosal, Some Aspects of Queueing and Storage Systems. IV, 93 pages. 4°. 1970. DM 10,– / US $ 2.80

Vol. 24: Feichtinger, Lernprozesse in stochastischen Automaten.
V, 66 Seiten. 4°. 1970. DM 6,– / $ 1.70

Vol. 25: R. Henn und O. Opitz, Konsum- und Produktionstheorie I.
II, 124 Seiten. 4°. 1970. DM 10,– / $ 2.80

Vol. 26: D. Hochstädter und G. Uebe, Ökonometrische Methoden.
XII, 250 Seiten. 4°. 1970. DM 18,– / $ 5.00

Vol. 27: I. H. Mufti, Computational Methods in Optimal Control Problems.
IV, 45 pages. 4°. 1970. DM 6,– / $ 1.70

Vol. 28: Theoretical Approaches to Non-Numerical Problem Solving. Edited by R. B. Banerji and M. D. Mesarovic. VI, 466 pages. 4°. 1970. DM 24,– / $ 6.60

Vol. 29: S. E. Elmaghraby, Some Network Models in Management Science.
III, 177 pages. 4°. 1970. DM 16,– / $ 4.40

Vol. 30: H. Noltemeier, Sensitivitätsanalyse bei diskreten linearen Optimierungsproblemen.
VI, 102 Seiten. 4°. 1970. DM 10,– / $ 2.80

Vol. 31: M. Kühlmeyer, Die nichtzentrale t-Verteilung.
II, 106 Seiten. 4°. 1970. DM 10,– / $ 2.80

Vol. 32: F. Bartholomes und G. Hotz, Homomorphismen und Reduktionen linearer Sprachen.
XII, 143 Seiten. 4°. 1970. DM 14,– / $ 3.90

Vol. 33: K. Hinderer, Foundations of Non-stationary Dynamic Programming with Discrete Time Parameter.
VI, 160 pages. 4°. 1970. DM 16,– / $ 4.40

Vol. 34: H. Störmer, Semi-Markoff-Prozesse mit endlich vielen Zuständen. Theorie und Anwendungen.
VII, 128 Seiten. 4°. 1970. DM 12,– / $ 3.30

Vol. 35: F. Ferschl, Markovketten. VI, 168 Seiten. 4°. 1970. DM 14,– / $ 3.90

Vol. 36: M. P. J. Magill, On a General Economic Theory of Motion.
VI, 95 pages. 4°. 1970. DM 10,– / $ 2.80

Vol. 37: H. Müller-Merbach, On Round-Off Errors in Linear Programming.
VI, 48 pages. 4°. 1970. DM 10,– / $ 2.80

Vol. 38: Statistische Methoden I, herausgegeben von E. Walter.
VIII. 338 Seiten. 4°. 1970. DM 22,– / $ 6.10

Vol. 39: Statistische Methoden II, herausgegeben von E. Walter.
IV, 155 Seiten. 4°. 1970. DM 14,– / $ 3.90

Beschaffenheit der Manuskripte

Die Manuskripte werden photomechanisch vervielfältigt; sie müssen daher in sauberer Schreibmaschinenschrift geschrieben sein. Handschriftliche Formeln bitte nur mit schwarzer Tusche eintragen. Notwendige Korrekturen sind bei dem bereits geschriebenen Text entweder durch Überkleben des alten Textes vorzunehmen oder aber müssen die zu korrigierenden Stellen mit weißem Korrekturlack abgedeckt werden. Falls das Manuskript oder Teile desselben neu geschrieben werden müssen, ist der Verlag bereit, dem Autor bei Erscheinen seines Bandes einen angemessenen Betrag zu zahlen. Die Autoren erhalten 75 Freiexemplare.

Zur Erreichung eines möglichst optimalen Reproduktionsergebnisses ist es erwünscht, daß bei der vorgesehenen Verkleinerung der Manuskripte der Text auf einer Seite in der Breite möglichst 18 cm und in der Höhe 26,5 cm nicht überschreitet. Entsprechende Satzspiegelvordrucke werden vom Verlag gern auf Anforderung zur Verfügung gestellt.

Manuskripte, in englischer, deutscher oder französischer Sprache abgefaßt, nimmt Prof. Dr. M. Beckmann, Department of Eçonomics, Brown University, Providence, Rhode Island 02912/USA oder Prof. Dr. H. P. Künzi, Institut für Operations Research und elektronische Datenverarbeitung der Universität Zürich, Sumatrastraße 30, 8006 Zürich entgegen.

Cette série a pour but de donner des informations rapides, de niveau élevé, sur des développements récents en économétrie mathématique et en recherche opérationnelle, aussi bien dans la recherche que dans l'enseignement supérieur. On prévoit de publier

1. des versions préliminaires de travaux originaux et de monographies
2. des cours spéciaux portant sur un domaine nouveau ou sur des aspects nouveaux de domaines classiques
3. des rapports de séminaires
4. des conférences faites à des congrès ou à des colloquiums

En outre il est prévu de publier dans cette série, si la demande le justifie, des rapports de séminaires et des cours multicopiés ailleurs mais déjà épuisés.

Dans l'intérêt d'une diffusion rapide, les contributions auront souvent un caractère provisoire; le cas échéant, les démonstrations ne seront données que dans les grandes lignes. Les travaux présentés pourront également paraître ailleurs. Une réserve suffisante d'exemplaires sera toujours disponible. En permettant aux personnes intéressées d'être informées plus rapidement, les éditeurs Springer espèrent, par cette série de »prépublications«, rendre d'appréciables services aux instituts de mathématiques. Les annonces dans les revues spécialisées, les inscriptions aux catalogues et les copyrights rendront plus facile aux bibliothèques la tâche de réunir une documentation complète.

Présentation des manuscrits

Les manuscrits, étant reproduits par procédé photomécanique, doivent être soigneusement dactylographiés. Il est recommandé d'écrire à l'encre de Chine noire les formules non dactylographiées. Les corrections nécessaires doivent être effectuées soit par collage du nouveau texte sur l'ancien soit en recouvrant les endroits à corriger par du verni correcteur blanc.

S'il s'avère nécessaire d'écrire de nouveau le manuscrit, soit complètement, soit en partie, la maison d'édition se déclare prête à verser à l'auteur, lors de la parution du volume, le montant des frais correspondants. Les auteurs recoivent 75 exemplaires gratuits.

Pour obtenir une reproduction optimale il est désirable que le texte dactylographié sur une page ne dépasse pas 26,5 cm en hauteur et 18 cm en largeur. Sur demande la maison d'édition met à la disposition des auteurs du papier spécialement préparé.

Les manuscrits en anglais, allemand ou francais peuvent être adressés au Prof. Dr. M. Beckmann, Department of Economics, Brown University, Providence, Rhode Island 02912/USA ou au Prof. Dr. H.P. Künzi, Institut für Operations Research und elektronische Datenverarbeitung der Universität Zürich, Sumatrastraße 30, 8006 Zürich.